数理腫瘍学の方法

計算生物学入門

鈴木 貴 著

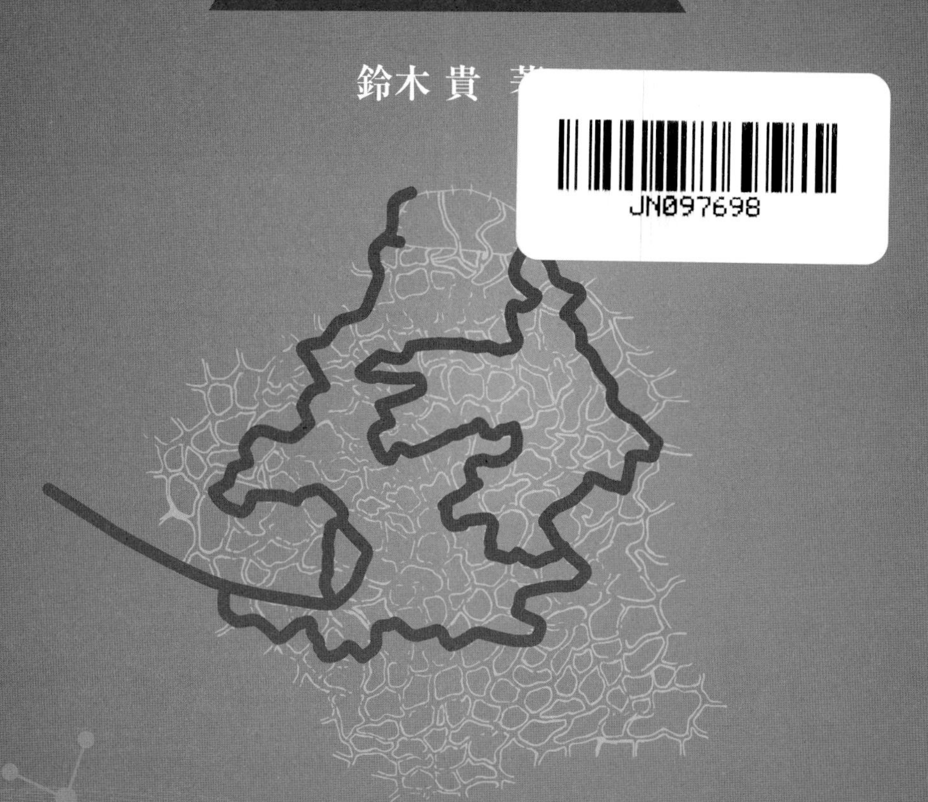

培風館

まえがき

コンピュータの発達にともない，計算物理学は，理論物理学，実験物理学と並ぶ物理学の中核分野となっている。理論式に基づいて大規模計算を実行し，出来事を解明して予測する手法は，宇宙，地球，気象，環境，エネルギー，流体，素粒子などの物理現象にとどまらず，金融，保険，交通，感染症，ゲノム解析など，社会科学や生命科学の領域でも大きな成功を収めてきた。

しかし生物学においては，理論と実験の関係は物理学とは多少異なった様相を示す。進化論，メンデルの法則，二重らせんは骨子となる理論であるが，それだけですべての出来事を説明し，予測することは難しい。計算生物学は，現代においてその重要性がきわめて増大している研究領域であるが，以上の理由により，計算物理学とは異なる要素をもっている。比較的小さな単位で実験と理論を融合させ，両者の触媒として協働する場を提供する役割を果たすこともその一つである。

本稿を執筆している現在，新型コロナウイルスが世界を席巻し，数理モデルによる感染症の予測が改めて注目されている。データ駆動型モデリング，個別ベースのシミュレーション，数理モデルを用いた生命現象の分析や予測は計算生物学の範疇であり，その活用と深化が社会的にも期待されているところである。

本書は，数理腫瘍学を題材とした計算生物学の入門書である。数理腫瘍学は，数式を用いた腫瘍学研究で，生命科学の仮説や理論を数式で記述するところに特徴がある。数式で書いたものを，数値シミュレーションや，データ分析によってリモデリングし，生物実験にフィードバックしているのである。

数理腫瘍学を用いた基礎医学研究では，担い手である生命科学研究者が急速に育成され，数理的方法を適用しなければ得られなかったような成果がではじめている。今は，臨床医学，さらには社会医学への展開が待望されているところである。

本書では，最初に生命現象を紹介し，次に必要な数理科学の基本概念を解説し，例題を解決することによって応用例を示すというスタイルをとっている。想定している読者は，広く医学系・数理系の研究者・学生，また製薬・IT 系などの企業関係者である。広範な読者が，最新の研究成果にふれることによって，必要なツールのありかや活用の仕方を会得していただけることを期待している。生命科学として検証中の事例が多々あり，多くの進展中の研究をこの場で紹介できないのは残念であるが，リテラシーや専門的教科書として，また，学生・社会人向けの入門書あるいは啓蒙書として本書を活用していただければ幸いである。

本書の執筆では多くの方々からご教示を受け，また出版にあたっては培風館編集部の岩田誠司氏にご尽力をいただいた。ここに謝意を表する。本書で紹介する研究の一部は，科学研究費補助金 16H06576 および日本学術振興会拠点形成事業「数理腫瘍学　国際研究ネットワークの構築」の補助を受けたものである。

令和 2 年 4 月 吉日

大阪にて
鈴木　貴

目　　次

I

序　章

コンピュータの発展にともない“計算生物学”は実験生物学，理論生物学に次ぐ第三の生物学として台頭している。その構成要素として，ゲノム解析などの生命情報学，システム生物学などの数理科学，AI・ビッグデータ解析などのデータサイエンスをあげることができる。本章は，計算生物学の基本的なツールである数理モデリングの有効性を検証し，データサイエンスの活用，画像解析とAI，マクロ指標の分析など，最新の手法を概観したのちに，実践プログラムであるスタディグループの取組みを紹介する。

1.　悪性化の機序

1.1　はじめに〜血管新生まで

がん征圧は人類共通の課題である。日本人成人では，2人に1人ががんに罹患し，3人に1人ががんで亡くなっている。特に，がんによる死因の9割で転移が絡んでいるといわれている。

生体は臓器，組織，細胞，細胞器官，細胞分子，遺伝子といった**階層**をもっている。がんは悪性腫瘍であり，無限増殖能，運動能，正常組織への浸潤能という特性をもつ。**転移**にかかわる腫瘍悪性化は，これらの生体階層が相互に関連して進行していく出来事である。

がん細胞は，さまざまな刺激によって正常細胞が突然変異したもので，いくつかの過程をたどって他臓器に転移する。通常細胞はおよそ40〜50回で**細胞分裂**しなくなるが，がん細胞は自己複製的で，制御の効かない無限増殖をする。増殖したがん細胞のコロニーは，**血管内皮細胞増殖因子 (VEGF)** を分泌し，血管新生を誘導する。

血管新生は既存の血管から新しい血管が形成される現象である。血管は基底膜と内皮細胞がつくる管腔構造で，血液はその中を流れている。ここで VEGF が内皮細胞の受容体に結合すると，基底膜が分解され，内皮細胞の発芽 (先端細胞) が誘導される。先端細胞は，フィブロネクチンやコラーゲン等からなる細胞外マトリクス (ECM) を通して移動して，腫瘍細胞をつなぐ毛細血管ネットワークを完成させる。すると毛細血管ネットワークから酸素が供給され，細胞をつなぎとめている接着分子が分解される。こうして，がん細胞は周辺組織に浸潤する能力を獲得するようになる。

1.2 浸潤から転移へ

がんの多くは**上皮細胞**に由来し，間質と**基底膜**は**細胞外マトリクス (ECM)** からできている。間質は基底膜で保護されているが，浸潤能を獲得したがん細胞は基底膜を突破して間質に進出する。そのときがん細胞は**細胞変形**や，細胞外マトリクスを分解して細胞の通り道をつくる ECM 分解を行う。

がん細胞が変形するのは，内部にある細胞分子である**アクチン**が構造変化を起こすからである。アクチンは細胞の骨格をつくるもので，分子が連鎖した F と，ばらばらになった G の 2 つの相をもつ。樹状になった F アクチンが細胞の骨格となり，それが G アクチンに分離したり再び重合したりすることで，がん細胞は形状を変化させるのである。

細胞変形と同時に，細胞膜上では **ECM 分解酵素**であるマトリクスメタロプロテアーゼ (MMP) が活性化し，ECM 分解を誘導する。がん細胞の表面には多数の突起 (浸潤突起) が形成され，ドリルのように ECM 分解の先端装置の役割を果たす。

細胞変形と ECM 分解に加えて，**接着剥離**という 3 番目の要因が加わると，がん細胞は束縛を断ち切られて遊走しはじめる。接着剥離とは，細胞が，隣りの細胞や，細胞と組織を固定しているカドヘリン，インテグリンというたんぱく分子を分解し，別の細胞や組織と新たな接着を引き起こす出来事である。(図 I.1)

浸潤の初期過程において，相関して活性化するこれらの 3 つの要因，すなわち細胞変形，ECM 分解，接着剥離の駆動力となっているのは，細胞内外の複雑な分子相互作用 (シグナル伝達) である。

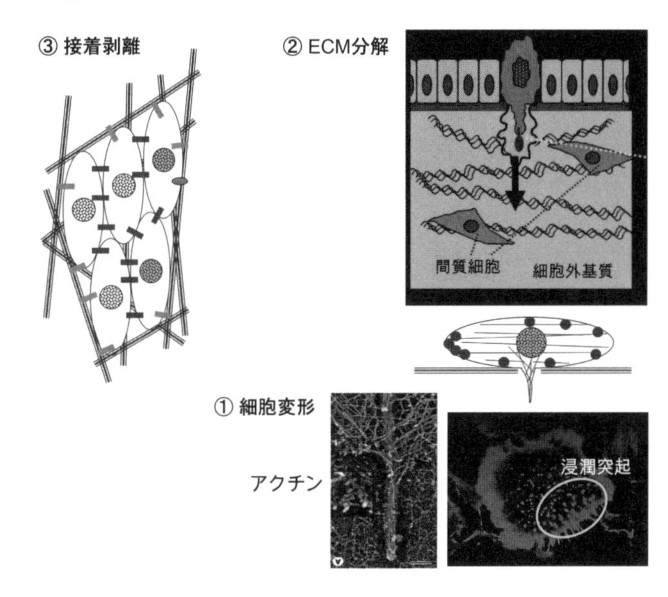

図 **I.1** 浸潤初期過程のフィードバック

細胞の中にはさまざまな分子があり，細胞器官のはたらきと絡みながら情報の伝達を行っている。外部物質がリガンドとして細胞膜上の受容体に捕捉されると，この経路が活性化したり抑制されたりして，悪性化の情報が下流分子に伝えられる。この情報は核内への移行により遺伝子の転写・翻訳を介して，再び核外にもち出される (**セントラルドグマ**)。

がん遺伝子の発見は Src 遺伝子にはじまり，ヒトでは Ras 遺伝子が最初である。がん抑制遺伝子など複雑な相互作用がわかってくると，研究者の関心はその情報を伝えるパスウェイに移り，シグナル伝達系や遺伝子制御系についての網羅的情報解析が進められてきた。

浸潤が進み，がん細胞が血管内に侵入をはじめようという段階になると，がん細胞を取り巻く組織の状況は大きく変わってくる。例えば，マクロファージは免疫にかかわる細胞であるが，がん細胞に引き寄せられ，互いに化学物質をやり取りしてその性質を変え，がん細胞と協働するようになることが知られている。こうして，がん細胞のまわりには**腫瘍微小環境**というものが形成されていく。

腫瘍微小環境は，悪性化したがん細胞の温床である。がん細胞は悪性度を増大させ，やがて血管に侵入する。血管内を移動し，再び外に出て次のコロニーをつくることができるがん細胞はきわめて少ないが，この細胞ががんの転移を引き起こすのである。

2. 数理腫瘍学の発展

2.1 臨床医学と基礎医学

がん研究の重要性やその急速な進展についてはあらためて論ずるまでもないが，がん研究に限らず，数理的なアプローチは，生命科学の定性解析を数理科学の定量解析で補完するときに必要不可欠なものである。生命科学が数学と協働することの有効性は広く認知されている[1)]。

基礎医学において数理腫瘍学が用いる数理的方法は，データサイエンスと数理モデリングの 2 つである。データサイエンスでは，生命情報学によって電子化されたデータを，生物統計学によって実験データを取り扱うことが多い。

前節において，浸潤の初期過程との関連で細胞内のシグナル伝達経路について述べた。**シグナル伝達経路**は腫瘍悪性化にとどまらず，ストレス応答，免疫系，細胞分化など，分子レベルで生命動態を規定する基本的な出来事であり，数理的手法を用いたその分析は，システム生物学の主要な研究領域である。

シグナル伝達経路に関するこれまでの膨大な成果は研究者の使い勝手の良い形でツール化されているので，よく知られた経路については，公開されているデータベースや解析ツールを自在に活用することができる。また，遺伝子 (ゲノム) データに対して生命情報学 (バイオインフォマティクス) のツールを適用して進化系統樹を作成したり，たんぱく分子の構造によるその機能を評価するために分子動力学計算を実行することも頻繁に行われている。

しかし，新規経路を解明する基礎医学研究では，既存のモデルに加えて独自に数理的研究を展開することが必要である。実験値から生物学の知見を創出し，その知見を数式で書き表す。パラメータを適切に割り振って数値シミュレーションに進み，実験と理論の相違を明確にする。必要であれば再びデータサイエンスを援用し，各分子の発現量の相関と因果を分析したうえで，リモデリングを

---

1) 現在では有力な多くの大学医学部において，数理科学・統計学・生命情報学の部署が配置されている。

行う。新しいモデルに基づいて再実験と数値シミュレーションを実行すると新たな生命動態を確立することができ，これらの一連の基礎医学研究のうえに，創薬や新規最適治療戦略の提唱という，臨床応用研究に進んでいくことになる。

2.2 見えないミクロを見る

数理腫瘍学が医学研究にもたらしたインパクトは「見えないミクロが見える」「視えないマクロが視える」「診えないイベントが診える」「観えないデータが観える」という 4 つの言葉で表すことができる。

細胞内シグナル伝達の解明に用いる数理モデリングでは，細胞分子の結合解離，リン酸化，核内移行，転写翻訳などの生命科学の知見を，常微分方程式とコンパートメントシステムを用いて忠実に数式に書き表していく。

細胞の分化についても，量的な変化に着目すれば，その動態は常微分方程式で記述することができる。この方法は，いったん数式で書くと一つの仮説がさまざまな帰結をよび，全体像として閉じた体系が現れてくることが特徴であり，数理腫瘍学ではこのことを「見えないミクロを見る」といっている。

2.3 視えないマクロを視る

細胞内シグナル伝達経路のような精密な課題でも，2 つ以上の経路のクロストークの様態は複雑をきわめ，全体像の解明は数理モデリングとデータサイエンスをあわせて初めて可能になる。細胞分子の 1 つ上の階層である細胞を舞台として，浸潤の初期過程にみられる ECM 分解，細胞変形，細胞接着剥離の 3 つの要因のフィードバックも，さまざまな出来事を統合してとらえることが必要な例である[2)]。(図 I.2)

ノックアウトやノックダウンといった遺伝子解析データは，本来入り口と出口のみがみえるという意味で静止したデータである。ライブイメージングにより生命動態は視覚化できるが，生体のダメージは少なくない。そもそも，上で述べた 3 つの要因のようなものを，同時に俯瞰するような大がかりな実験は行いにくい。 数理的手法は，さまざまな要因がどのように絡み合っているかを検証するときに威力を発揮する。

---

2) Saitou, T. *et al.*, J. Theor. Biol. 298 (2012) 138-146

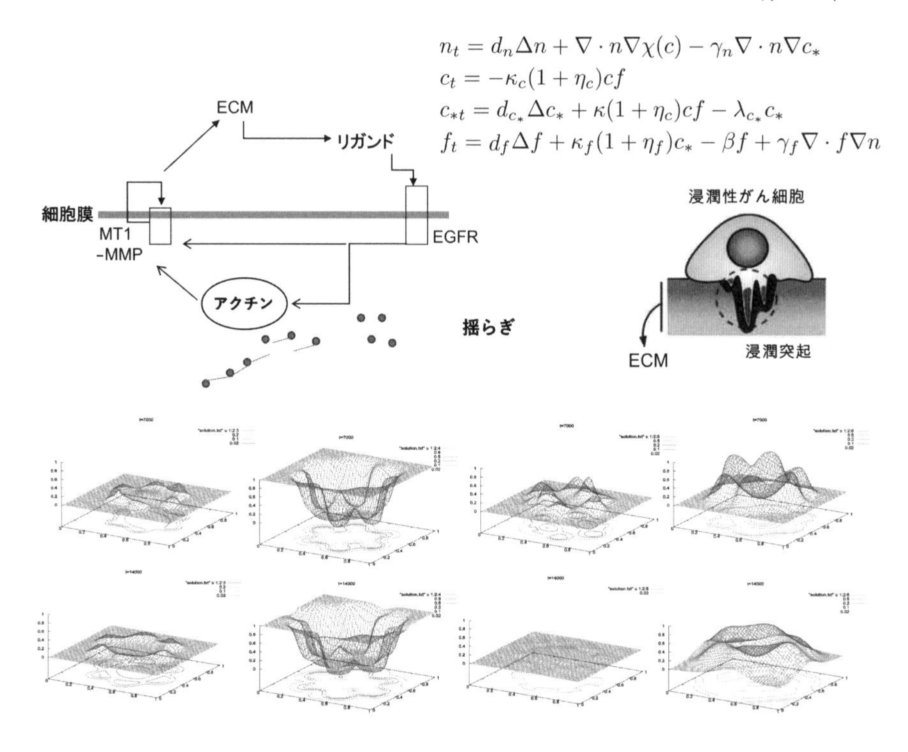

図 I.2　正のフィードバックの統合。細胞外からの刺激→細胞内のシグナル伝達→細胞の変形→ ECM 分解→分解された破片の接着という正のフィードバックを数式で記述し，そこに揺らぎが加わることで，細胞膜上に浸潤突起が形成されることを示したシミュレーション。

生命科学の理論は，個別の実験をつなぎ合わせた仮説のうえに成り立っている。個々の知見を体系の一部として正しく位置づけるために求められることは，数式を用いて実験を横につなぎ，生命現象を統合的にとらえる試みである。

同じように，血管新生は，組織を舞台とした出来事であるが，組織に加えて細胞，さらにその下の細胞分子の動態が関連している。これらの知見を粗視化して，走化性，走触性，細胞間相互作用について，関数方程式，常微分方程式，偏微分方程式を用いて記述する方法が**マルチスケールモデリング**である。

マルチスケールモデルの面目は数値シミュレーションで躍如となり，セルオートマトンやモンテカルロ法を導入することによって生き生きとした生命動態を再現して視覚化することができるようになる。

このように，生命科学で提示されるさまざまな要因や出来事を統合し，数式，数値計算，グラフィックスによってコンピュータ上に実現して検証していくことは数理的方法のもう一つの側面であり，数理腫瘍学ではこのことを「視えないマクロを視る」という。

2.4 診えないイベントを診る

臨床医学において，数理腫瘍学は診断と制御に踏み込んでいく。診断において，画像とカルテなどのテキストは生命情報学で重要な研究対象である。良質な教師データを使った機械学習により画像診断は格段に進歩している。一方，ホモロジーや外接楕円フィッティングなど，ターゲットとなる細胞の図形としての特徴を数学的に抽出する方法も有効である。

数理モデリングによって病態を予測し，どのような方法が最適な治療戦略であるかを見極めることも，数理腫瘍学の重要な役割である。逆問題を解き，少ないパラメータを同定して，腫瘍成長を定量的に予測する方法も近年の数理腫瘍学の成果である。臨床医学において数理腫瘍学が果たす役割は「診えないイベントを診る」ということができる。

2.5 観えないデータを観る

世界で年間 100 万人が餓死している一方，500 万人が過食によって命を落としているともいわれている。生活習慣病悪性化機序の理解は，未病から健康な状態に立ち戻る方策を確立するために重要である。過食は腸内細菌の動向を変動させ，栄養が肝臓に蓄積された後，血液を介して脳，筋肉，脂肪，心臓，腎臓に影響を与え，糖尿病，高血圧，動脈硬化，がん，認知症のリスクを高める。この課題に数理腫瘍学で開発されてきた方法を適用するならば，データサイエンスと数理モデリングを用いた多臓器間ネットワークを記述し，シミュレーションを用いた予測システムを構築することが求められよう。

普遍的な理論とツールを確立したうえで，健康調査，社会保険，コホートなどのビッグデータを用いて健康，未病，発病の時系列と臓器指標を統計解析し，クラスタリングによって個別例を層別化する。このように，社会医学の領域では「観えないデータを観る」ことが求められる。

3. 数理モデリングの方法

3.1 心 得

数理モデルをたてることを**数理モデリング**という。数理モデリングは，これからの“計算生物学”の基本的な要素である。数理腫瘍学のモデリングでは微分方程式を用いることも多い。

生命科学の理論を数式で記述するために，どのような方法があり，どのようなことに留意すべきであろうか。ここでは4点を注意しておきたい。1つ目は，モデラーが10人いればモデルは10個ありうるので，正しい数理モデルは1つとは限らないということである。2つ目は，数理モデリングは車の運転をするようなものであるということである。現実が教師であるので，進歩の機会はいくらでもあり，果敢に取り組むことが必要である。3つ目は，数理モデリングが文章題であるということである。最初に状況と，何を知りたいのかを正確に把握し，次に図等を用いて関係を頭に入れた後，着目量に文字をおいて，関係を明確に書いていく。4つ目として，数理モデルができたらシミュレーションだけに頼らず，使えそうな数学を駆使して数式を分析すること，また，結果を生命科学として吟味することである。

3.2 モデル・データ・シミュレーション

数理腫瘍学における数理モデリングには，標準的な自然科学と異なる興味深い点があるのでいくつかあげておく。

(1) 数理モデリングと数値シミュレーションが理論そのものを精密にしていく。

(2) モデル (理論) の精密性とそこからの逸脱 (揺らぎ) にはさまざまな段階があり，計測の技術や状況に依存する一方，それぞれの段階には相応した応用がある。データの性質によって得られる結論の在り方が定まるので，それに適合したモデリングが有効である。

(3) シミュレーションがモデリングを補完する場面が多い。とりわけ先験的な視野にたって数理モデルを忠実に再現した数値シミュレーションよりも，適合的で大きな揺らぎを積極的に活用した数値シミュレーションのほうに説得力があり，示唆することころが大きい。

(4) 生命現象はさまざまな生体の階層が相互作用し，時間が多層的に進行していく。したがってマルチスケールモデルがよく用いられる。

以下では，これらの視点に立脚した数理モデリングの具体的な方法を解説する。

3.3 常微分方程式

常微分方程式は，物質や個体の生成と消滅や化学反応など，対象とする量の時間変化を扱うときに用いる。いくつかの量の相互作用を記述するときは，連立系になる。**コンパートメントモデル**では，空間分布を離散的なコンパートメントの集合で記述し，コンパートメント内で発生する出来事と，コンパートメント間での量の移動を，常微分方程式系や関数関係で書き表す。**セルオートマトンモデル**では，常微分方程式を用いて，空間内を移動していく粒子の位置やその極性の変化を表し，粒子間の相互作用や，環境因子を粒子の運動に影響を与えるものとして取り込む。環境因子は独立に与える場合もあるが，変動する量として偏微分方程式でモデリングし，粒子 (群) と連立させることもできる。

3.4 粗視化と平均化

数理腫瘍学における数理モデリングで基本となるのは「主要因を**粗視化**する」手法で，生命科学の理論に従って物質や力のバランスを記述する方法である。もう一つは「粒子運動を**平均化**する」手法である。粒子の運動を制御する規則によってモデルが異なり，拡散について生態系の微妙な変動を明確にすることに用いられる。これらとは別に「状態量を用いて法則を実現する」手法がある。生命現象ではエントロピーが重要な状態量であるので，ここでは熱力学の法則が前面にだされることになる。粗視化の方法で用いる基本的な法則が，第 2，第 3 の方法によって導出されて理論的な裏づけとなることも多い。

3.5 偏微分方程式

空間分布が一様でないときには偏微分方程式を用いる。空間分布では勾配と輸送が基本的な概念で，流体的流れと力学バランスも重要である。

勾配は ∇ という微分作用素で表す。物質量 u の変動がもっとも顕著である方向とその大きさは，ベクトル ∇u で記述することができる。

時空に分布する物理量 u のバランスを表すのが**保存則の方程式**

$$u_t = -\nabla \cdot j \tag{I.1}$$

で，左辺は u の時間微分，右辺は j というベクトルの発散量である。この式は物質 u がベクトル j に従って流れていくことを表しているので，j を**流束**という。

流速 j が u の勾配の逆方向に向かうもっとも簡単な場合は

$$j = \nabla u \tag{I.2}$$

であり，密度が高いところから低いところへの移動，すなわち，**拡散**を表している。一方，式

$$j = -v\nabla u \tag{I.3}$$

では，別の物質 v があり，u は v の濃度勾配の方向に移動すること，例えば v がある化学物質であるとすると，その濃度勾配の高い方向に向かう**走化性**という性質を表している。(I.1) と (I.2) を連立したのが**拡散方程式**，(I.1) と (I.3) を連立したのが**移流方程式**で，偏微分方程式としてはそれぞれ放物型と双曲型に分類される。

3.6 マルチスケールモデル

細胞分子からみた細胞，細胞からみた組織は，細胞分子や細胞を主変数とみなすと，環境変数と考えられる。主変数と環境変数の動態を支配する法則はスケールが異なるので，これらの法則を統合して数式で表すと，**マルチスケールモデル**になる。生体では臓器・組織・細胞・細胞器官・分子など，階層間の相互作用が緊密に行われるため，数理腫瘍学ではマルチスケールモデルが多用される。

4. 数式の分析

4.1 数理モデルの取り扱い

一般に数式を数学的に分析することを「数学解析」という。数理腫瘍学における数学解析の役割は 2 つある。一つは構築したモデルが数学的に適切に設定されているかどうかを確認すること，もう一つは，数式を分析することでさま

ざまな現象を数学的に解明することである。前者については自明な場合も多いが，マルチスケール性や自由境界を組み込んだモデルのように複雑になると，境界条件も含めた適切性が数学的に重要な課題となる。後者については，モデルが複雑になってくるとシミュレーションは欠かせないが，数式だけから予測されることも多く，見通しをたてるための予備的考察などで有用である。

4.2 可積分系と力学系

数式の分析では，常微分方程式系の場合には**可積分系**や力学系理論が重要な役割を果たす。第 II 章で述べる反応ネットワークの可積分性は最近発見された現象で，重合も含めて質量保存と反応系の分類が正確にモデリングされている場合に現出し，解が厳密表示されることが要点である。解の厳密表示は，定量的な意味合いよりも，定常解への減衰が代数的か指数関数的かということが明確になり，ハブとなる分子や経路など，定性的な性質が演繹されることが重要である。

一方，**力学系**理論は，系が時間とともにどのような形に落ち着くかとか，パラメータが変動した場合にどのような事態が発生するかといったように，現象を支配している構造を明確にすることに役立ち，生命現象の根幹にかかわる知見と予測を得ることができる。

4.3 現代数学の動向

偏微分方程式の数学解析からは「循環的階層」「量子化する爆発機構」「場と粒子の双対性」「非線形スペクトル力学 (自己組織化のポテンシャル)」「孤立系の均質化」「ネットワークからの創発」「多成分系における特異性の消滅」のように，形而上的な原理が導出されることがある[3)]。一方で，最先端の現代数学がモデルの正当性や数値シミュレーションの有効性に直結する実用的な基盤となることもある。本書ではその対象を医学研究への直接応用に限定するが，数理腫瘍学は，純粋な数学研究の方向にも向いている。

---

3) 鈴木・大塚 [5]

5. 数値シミュレーション

5.1 離散化のスキーム

上述したように，数理モデリングにはさまざまな立場があるが，数値シミュレーションにも 2 つの方向がある。第 1 は，数理モデルをできるだけ忠実に再現する立場で，数理物理や工学における基礎方程式の離散化という観点から発展しているものである。第 2 の立場では，数理モデルは単に規則を記述しているものと考える。これは比較的最近の考え方で，方程式そのものを解くことをしないで，方程式に記載されている規則から直接，離散スキームを構築する方法である。

5.2 モデルに忠実な離散化

ニュートンの運動方程式やマクスウェル方程式，ナビエ・ストークス方程式等は現象をきわめて正確に記述する基礎方程式と考えられているため，第 1 のパラダイムはシミュレーション科学の主流である。この立場から，常微分方程式についてはルンゲ・クッタ法，偏微分方程式については有限差分法，有限要素法等がよく用いられている。

ここでは，離散化のスキームは，数理モデリングで用いた物質移動の原理や質量保存など，微分方程式の数学解析で確認する法則と整合していることが期待される。このような微分方程式の離散化スキームを研究する学問領域が「数値解析学」である。データやパスを入力すると自動的に数値シミュレーションしてくれるソフトも利用できる時代であるが，生命現象ではその多様性や複雑性からマニュアルだけで対応できないことが通例である。したがって，数値解析学は数理腫瘍学研究で有用な構成要素の一つであるということもいえる。

5.3 ハイブリッド–適合型シミュレーション

モデルに忠実な離散化という第 1 の方策に対し，第 2 の方策でよく用いられるのは，未知変数を粒子 (主) と環境 (従) の 2 つに分けるやり方である。主変数を動かすのは環境に由来する勾配であり，何らかの方法でこの勾配を計算し，さらに揺らぎを加えて粒子の遷移確率を与えたモンテカルロシミュレーションを行う。このような計算法は，決定論的規則と確率論規則，連続量と離散量の時間変化を並行させるもので，数理腫瘍学では**ハイブリッドシミュレーション**とよんでいる。

環境勾配は，数理モデルでは大域的な影響を受けることになるが，生命科学の知見に反しない場合は局所的な支配を受けるところにとどめる。この操作を**ブーリアン変数の導入**という。また 流束＝質量×速度，速さ＝距離÷時間 という関係式から，粒子の速度をその遷移確率から計算することができる。ブーリアン変数と粒子速度の導入によって，数値シミュレーションは数理モデルを忠実に再現する立場から離れ，数式を読み取ることで離散化スキームが直接に構築できるようになる。これにより，数値シミュレーションの計算量が大幅に軽減すると同時に，生命特有の揺らぎや不連続をともなった，闊達な動態が実現できる[4]。

規則を与えて粒子を自動的に動かす一方で，数値シミュレーションを実行する際に，血管網やユビキチンの形成など環境や構造の変化が自然に発生する場合には，これらの出来事を粒子の動きに反映させる操作も有用である。この方法を**適合型シミュレーション**とよぶ。

ハイブリッド–適合型シミュレーションによって，大枠は決められていても，何がでてくるかは実行して初めて視覚化できるという状況が現出される。しかし，粒子の遷移確率を計算してこの方法を正しく適用するためには，質量保存や正値性など，前項で述べたモデルに忠実な離散化が事前に行われている必要がある。

6. 現実を知る

6.1 ビッグデータと統計モデル

データサイエンスは，現実を知るための学問である。その内容は，データの取得・獲得・処理，データの分析，新規価値の発見と創造・意思決定という 3 つの部分に分かれている。

高解像度顕微鏡，一細胞計測，逆相たんぱく質アレイ (RPPA) など，基礎医学におけるデータの観測技術が高まると同時に，生物統計学を用いた基礎医学

4) http://www-mmds.sigmath.es.osaka-u.ac.jp/faculty/personal/suzuki

研究も活性化している。細胞生物学においては，時系列データを用いた相関や因果の推測や，悪性度を考慮した刺激応答に対する細胞のクラス分け，特に幹細胞の分化などにおいて新しい知見が得られてきた。データ分析は数値シミュレーションと並んでリモデリングの有効なツールとなり，変更された数理モデルが阻害剤実験で検証された例も報告されている (第 II 章 3 節参照)。

6.2 AI と画像解析

データサイエンスでは，数字を統計学，テキストや画像を情報学で取り扱うことが多い。臨床医学において，カルテやインタビューなどのテキスト，MRI, CT，エコーなどの画像，血液の指標などの数字は分析すべき大切なデータである。機械学習を用いた実用研究の実践において，良質の教師データが得られることはきわめて有益であり，卓越した臨床医の技術のいくつかは，AI によって受け継がれている。健康診断で測定されているさまざまな指標の分析も，社会医学研究として進展している。

熟練者の観ているものの背後にモデルがあり，そのモデルを数学の言葉で書き表すことができる場合もある。病理画像を特徴づける幾何学的指標を抽出することで，大量，高速，正確な診断が可能になった例が知られている。大腸がんなどの高分化型腺がんの組織ではベッチ数が著しく大きくなることがわかり，自動診断法の原理として採用されている[5)]。非アルコール性肝炎 (NASH) の組織画像では，風船様肝細胞を輝度，色情報と形状判定によって判定する方法も研究が進められている[6)]。

6.3 数理腫瘍学の担い手

数理腫瘍学の将来の担い手は，生命科学研究者である。ツールを使いこなすことからはじめ，数式で生命科学の理論を書き表し，生命動態を演繹的に解析してモデルの不備を発見し，修正して実験で検証していく。すでに先駆的な研究がではじめ，生命科学者のコミュニティも自然発生している。

しかし，数理科学はこの営みにかかわり続けていく必要がある。そこには数学的な課題もあるが，数理腫瘍学という研究分野において，生命科学と数理科学

5) 鈴木 [4]
6) 特開 2018-147109 他

事前調査・共同研究
E-learningによる予備自習

1日目　■ 課題提示

■ グループ分け

方法の確認
ツールの整備
役割分担

モデル構築

■ チュートリアル

2日目　データ分析　シミュレーション

3日目　プレゼン資料作成（各グループ）
報告会　講評

共同研究・教材開発

図 **I.3**　スタディグループ

が絶えず融合を繰り返しているからである。大阪大学で行われている**スタディグループ**という試みでは，生命科学者が課題とデータを提出し，数理科学者と協働して数理モデルを構築する。データ解析と数値シミュレーションによって，モデルの是非をグループワークで検証し，分析して新しいモデルを提出する。短期間にわたるこの作業によって，医学研究が進展し，新しいツールが開発されて，実験研究室にもちかえる。成果は論文として結実し，生命科学研究者が自律的に数理的方法を活用していくことが実現されている。(図 I.3)

6.4　本書の構成

本書は，著者が国内外の生命科学者や数理科学者と共同で研究した内容に基づいている。主として第 II 章で時系列データ，第 III 章で空間分布を扱っているが，これらの 8 つの節はすべて，ほぼ独立に読むことが可能である。

第 II 章第 1 節では，骨代謝に関する生命科学の仮説を追う。細胞の分化を 1 次反応で，分子の動態を関数関係で表示したモデルを構築し，動的平衡とその崩壊を数式で定義してから力学系の理論を適用する。結論は，ネガティブなフィードバックループが崩壊することで骨粗鬆症に至るということである。これは「視えないマクロを視る」研究であり，常微分方程式を用いた数理モデリングの要点も解説する。読者は，抽象的な安定多様体と不安定多様体の理論が，骨粗鬆症という現実世界を規定しているという結論に驚くであろう。

第 II 章第 2 節で扱うのは，分泌性基底膜分解酵素 MMP2 活性化の機序である。3 種類の分子の細胞膜上での相互作用を質量作用の法則によってモデリングし，医学研究に活用した例を示す。このモデリングによって，実験では観測できない多くの複合体の時系列が，数値シミュレーションで実時間・実計測値によって再現される。それればかりか，反応がグルーピングされ，結果として解が厳密表示されるという，注目すべき事実を解説する。この節は，生命科学の理論からさまざまな複合体の存在が演繹的に導かれ，それらの動態が生命現象を支配しているという「見えないミクロを見る」研究を紹介するものである。

第 II 章第 3 節は，肺がんの特効薬であるゲフィチニブの薬剤耐性を題材として，モデリングからシミュレーションのあいだに必要な作業である，パラメータ同定の方法とその理論を扱う。読者は，パラメータがブラックボックスからでてくるものではなく，その定め方には過剰決定系と不足決定系という異なる設定があり，それぞれにどのような課題が発生するかを認識するであろう。しかし，この節の最終的な目的は，数理モデルを通してさまざまなパラメータが関連づけられるという「次元解析」の考え方を紹介することである。この「観えないデータを観る」方法により，読者はこれまでの定説の訂正という思いがけない結論に遭遇することになる。

第 III 章は，環境 (場) が生命に果たす役割を見積もる，数理的技法の解説に充てられる。第 1 節では細胞の外からの刺激に対する，細胞内のシグナル伝達と遺伝子情報の再生を扱う。最初に IKBα, NF-κB, IKKβ, iκB という登場人物の結合解離，転写と翻訳，産生と減衰を，細胞質と核というコンパートメントによる 2 つの舞台で記述した先行研究を述べる。次に，生命科学者の要請によるリン酸化を導入すると何をもたらされるかということを，ホップ分岐という力学系の理論を用いて解明する。この研究は，細胞生物学と数値シミュレーションと数学理論が果たした幸運な協働作業であり，「見えないミクロ見る」といってもよいし「視えないマクロを視る」といってもよい。

第 III 章第 2 節は，血管新生において先端細胞がどちらを向くかということに関するものである。ここでは，ウサギを用いた実験で得られた，VEGF 勾配では説明できない生命動態を，チューリングパラダイムによって説明する。実験との照合はハイブリッドシミュレーションで得られたが，その理論は細胞の遊走を引き起こすシグナル伝達経路のモデリングと解析に基づいている。先行研究の分析と実験データが結びついた興味深い結果で，前節と同じように「見えないミクロ見る」といってもよいし，「視えないマクロを視る」といってもよい。

第 III 章第 3 節は，ボルドー大学の研究で，ゴムペルツ方程式を単純化した状況で解析的に解き，逆問題を経由して腫瘍成長予測に至る経緯を紹介している。みていると，名医が名医であるゆえんは，過去に起こった出来事を正しく診断するところにあるのではないかという認識を誘発する。まさに「診えないイベントを診る」というべきであろう。この節では，勾配，流束，物質微分，保存則という，組織レベルの出来事を数理モデルで記述するときの基本となる「流れ」についても詳細に解説した。

第 III 章第 4 節は，血管新生を題材として，数理モデルと生命現象のあいだを埋める数値シミュレーションはどうあるべきかを考察したもので，聖アンドリュース大学との研究交流に基づいている。数理モデルに書いてあることは「かくあるべき」ということである。一方，生命はかくあるべきことに従いながらも，常に逸脱する。このような状況を再現するためにはシミュレーションで「揺らぎ」を入れなくてはならない。ここではその技法とそれを支える理論を提示する。それらは，平均場理論の裏返しとしての数値解析学，そこから得られる遷移確率，流束と移動速度との関係，密度を 2 値化する根拠，適合型シミュレーションという考え方など，これまで数理腫瘍学が培ってきた方法の根幹にかかわるものである。この節は「視えないマクロを視る」，あるいは「魅せてくれる」一節である。

最後の第 III 章第 5 節は，現在進行中のプログラムである。昨今のコロナウイルスをめぐる混乱については，この流行によって世界が変わってしまったような実感をもつ。同じ環境にいながら，なぜ感染する人といない人がいるのか。ここでは，シグナル伝達経路のクロストークとフィードバックの強弱の違いが，個体差という，これまで医学が答えられなかった課題に答える糸口ではないかという仮説を述べる。数理腫瘍学を活用したこの仮説の検証は，「観えないデータを観る」「見えないミクロを見る」「視えないマクロを視る」，そして「診えないイベントを診る」という4つの指針が重なるもので，これからの計算生物学の一つの方向を示している。

II

計算生物学入門

計算生物学の範疇に入るものとして，遺伝子解析，分子動力学，生物統計，数理モデリング，微分方程式のシミュレーションなどがある。いずれも，数理的には数字と数式を主要な対象とするので，これらに慣れ親しむことで，計算生物学をツールとして活用できる道が拓かれる。本章では，細胞分化，反応ネットワーク，薬剤耐性を例として，基本的な考え方を明らかにしていく。

1. 細胞分化と恒常性

1.1 細胞と生命

一つの集合を定義する場合，そこに属するものをすべて列挙する方法と，そこに属するための条件を記述する方法とがある。前者から後者に移行するとともに，新しい概念が発生し，ものごとの理解が深まっていく。

現代の生命科学において，生命は次の 4 つの条件を満たすものであると考えられている。1 番目は，構造単位である「**細胞**」をもっているということである。細胞は水や有機化合物を含んでいるが，脂溶性の膜で囲まれることで「個」としての単位となる。2 番目は，動物であれば物質，植物であれば光エネルギーといったような形で，環境から「**自由エネルギー**」を取り込み，活動し，成長することである。自由エネルギーは熱力学の第 2 法則に付随する概念であるが，生命は，例えば細胞という閉じた構造のなかで，自然界に放置されたものが従うエントロピー増大の法則に抗する仕組みをもっている。第 3 番目は，**遺伝情報の複製**である。遺伝情報は生命活動の維持に活用され，世代を超えて伝えられていく。第4番目が，環境に応答し恒常性を維持すること(ホメオスタシス)である。

細胞は生命の誕生とともにあり，すべての生物は細胞からできている。細胞の中に必要な物質を閉じ込め，内部環境を構築する。細胞は分裂によって増殖し，やがて死滅する。個体の中には多数の種類の細胞があり，細胞はさまざまな種類に分化していく。機能に着目すると，生命現象は自己組織化と動的平衡から成り立ち，病気は動的平衡が崩壊する過程であるということができる。

本節では骨代謝を取り上げ，細胞分化の抑制ループが崩壊することによって骨粗鬆症が発生することを，力学系理論を用いて明らかにする。

1.2 個体数の変動

数理モデリングをはじめるためには，何が未知数であり，それが何の関数であるかを明確にしなければならない。物質濃度の時間変化についていえば，濃度を x とし，t を時間変数として $x = x(t)$ とおき，次に，$x(t)$ が従う法則を書き表す。

x が生物個体数や放射線物質の密度などで，自己増殖や崩壊が起こっているとすると，その規則は常微分方程式

$$\frac{dx}{dt} = ax \tag{Ⅱ.1}$$

で表すことができる。ここで定数 a は x の変化率であり，$a > 0, a < 0$ はそれぞれ x の生成・消滅を表している。一方，物質が外部から補給されたり消費されたりする場合には定数 b に対して

$$\frac{dx}{dt} = b \tag{Ⅱ.2}$$

とする。(Ⅱ.1) や (Ⅱ.2) は，反応・生成・消滅・補給・消費を記述するモデルであり，生命や物質に関する現象をモデリングするときの基本となるものである。

(Ⅱ.1) と (Ⅱ.2) の違いを理解するために，初期値を $x(0)$ としてそれぞれの解を表示してみると，(Ⅱ.1) は

$$x(t) = x(0)e^{at}, \tag{Ⅱ.3}$$

(Ⅱ.2) は

$$x(t) = bt + x(0) \tag{Ⅱ.4}$$

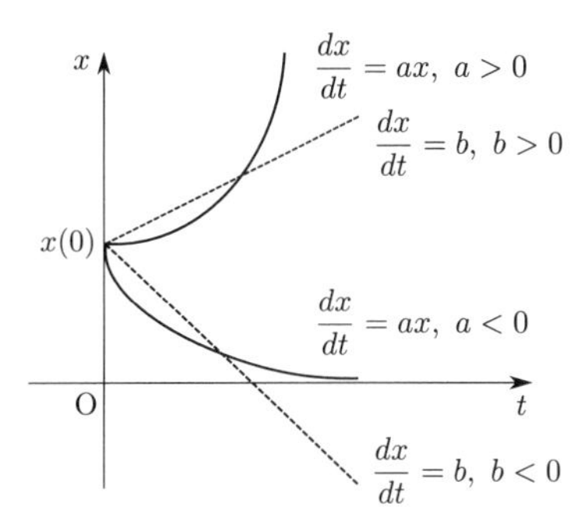

図 II.1 個体数の変動

が得られる。a, b が正の場合の $t \to +\infty$ での増大度は，(II.4) に比べて (II.3) がはるかに大きい。実際，後者が補給のモデルであるのに対し前者は増殖のモデルであり，前者ではわずかな初期値から雪だるま式に個体数が増大する一方，$x(0) = 0$ であればいつまでたっても何も生まれず $x(t) = 0$ にとどまるのに対し，(II.4) では $x(t)$ の増加は x の状態とかかわりなく一定である。逆に $b < 0$ で $x(0) > 0$ の場合には，(II.4) ではゆっくりではあっても一定の割合で減少し，いつかは $x(t) < 0$ となるのに対し，(II.3) では $a < 0$ でも減少率が下がるだけで，いつまでたっても $x(t) > 0$ にとどまっている。

これまで述べてきたモデルは，細胞分化のように，ある物質や種が成熟したり減衰したりする様子を 1 次の関係式で表したものである。これに対して遺伝子レベルでの転写や翻訳，分子レベルでの化学反応は，自身や他者との相互作用であり，2 次式を用いて記述することが必要で，これらを **2 次反応**とよんでいる。なお，3 次以上の式も用いられるが，確率を考えて 2 個の粒子の会合のみを考えることが多い。

1.3 生命現象と連立系

A, B という 2 種類の化学物質が反応して化合物 AB が生成するような状況は，k を結合定数，ℓ を解離定数として

$$A + B \ \to P\ (k), \qquad P \ \to \ AB\ (\ell)$$

と書き表すことができる。このように多種の分子や個体が相互作用するような場合には，変数を増やして連立系でモデリングする。

一例として **“チューリング仮説”** では，活性化因子 x と抑制因子 y が異なる速度で拡散することによって，形態のパターン形成が引き起こされるとしたが，この仮説に基づいて，ギーラーとマインハルトは，p, q, r, s を正定数とした方程式系

$$\dot{x} = -x + \frac{x^p}{y^q}, \quad \dot{y} = -y + \frac{x^r}{y^s}, \qquad x, y > 0$$

を提唱している。 x が活性化因子，y が抑制因子で，**チューリングパターン**は $0 < \frac{p-1}{r} < \frac{q}{s+1}$ で発生する。

また，**ケルマック・マッケンドリック方程式**

$$\begin{aligned} \frac{dS}{dt} &= -\beta SI, \\ \frac{dI}{dt} &= \beta SI - \gamma I, \\ \frac{dR}{dt} &= \gamma I \end{aligned} \tag{Ⅱ.5}$$

は，**感染症**の流行を記述する古典的なモデルである。ここでは I がすでに感染した感染者，S がまだ感染していない未感染者，R が感染後病気が治り免疫を得た除外者を表している。β は感染率で，感染者と未感染者が出会うことで，β という割合で感染することを示している。γ は除外率であり，感染者が β という割合で免疫を獲得することを表す。これらの出来事は

$$S + I \to I \ (\beta), \qquad I \to R \ (\gamma) \tag{Ⅱ.6}$$

で表すことができる。

さらに，**ウイルス**の細胞への侵入についての古典的なモデルとして，

$$\begin{aligned} \frac{dX}{dt} &= \lambda - \mu X - \beta XV, \\ \frac{dY}{dt} &= \beta XV - \alpha Y, \\ \frac{dV}{dt} &= kY - uV - \beta XV \end{aligned} \tag{Ⅱ.7}$$

がある。X, Y, V はそれぞれ未感染細胞，感染細胞，ウイルスの個体数を表している。[1)]

1) 興味ある読者は，(Ⅱ.7) において (Ⅱ.6) のような X, Y, V の関係式や，定数 $\lambda, \mu, \alpha, \beta, k, u$ の意味を明らかにすることを試みよ。

1.4 常微分方程式系の定性的理論

(a) 無次元化と求積法

既存のソフトによって微分方程式のシミュレーションは容易に実行することができるが，数式の取り扱いについての基本事項を確認しておくことも必要である。

最初に，微分方程式に現れる定数は，独立変数や従属変数を何倍かするような簡単な変数変換で，その多くを 1 とすることができる。このような操作によって定数を減らすことを**無次元化**という。例えば，$k > 0$ を定数とする 1 階微分方程式

$$\frac{dx}{dt} = -kx^2$$

は $\bar{t} = kt$ とすることで，より簡単な

$$\frac{dx}{d\bar{t}} = -x^2$$

に変更することができる。

微分方程式の解を陽に表示するのが求積法である。1 階単独常微分方程式

$$\frac{dx}{dt} = f(x) \tag{II.8}$$

は変数分離型で，

$$\int \frac{dx}{f(x)} = t \tag{II.9}$$

の左辺の積分が得られれば，解を表示することができる。

(b) ロジスティック方程式

(II.1) において，a を正定数とすると $x_0 > 0$ を初期値とするときの表示 (II.3) により，解 $x(t)$ は $t \to \infty$ において指数的に増大する。$x(t)$ が生物の個体数を表すとき，このことを**マルサスの法則**という。

マルサスの法則が現実的ではないので，増大度に減衰効果を導入したのが，b を正定数とした**ロジスティック方程式**

$$\frac{dx}{dt} = b\left(1 - \frac{x}{x_0}\right)x, \qquad 0 < x(0) < x_0 \tag{II.10}$$

である。ここでは個体数 x の増大度 $a = b\left(1 - \frac{x}{x_0}\right)$ は x に依存し，x が許容量 x_0 に近づくと値が 0 に近くなるように設定されている。

求積法を適用すると，(Ⅱ.10) の解を

$$x(t) = \frac{x(0)}{\dfrac{x(0)}{x_0} + \left(1 - \dfrac{x(0)}{x_0}\right) e^{-bt}}$$

と求めることができ，これより

$$\lim_{t \uparrow +\infty} x(t) = x_0 \tag{Ⅱ.11}$$

が成り立つことがわかる。(Ⅱ.11) は，増殖率に抑制因子を取り入れた結果，$0 < x(0) < x_0$ のとき生物個体数 $x(t)$ は許容量 x_0 に近づくが，x_0 を超えることができない現象が発生することを示している。

しかしこの現象は，求積法を行って解を表示しなくても，方程式 (Ⅱ.10) から直接導出することができる。実際，(Ⅱ.10) は右辺を $f(x)$ とおいて

$$\frac{dx}{dt} = f(x), \quad x\big|_{t=0} = x(0) \in (0, x_0)$$

と表すことができる。$x\dot{x}$ 平面上の曲線 $\dot{x} = f(x)$ は x 軸と $x = 0, x = x_0$ で交わる上に凸の放物線である．$0 < x < x_0$ では $f(x) > 0$ であるから，しばらくは関係 $0 < x(t) < x_0$ が維持される。示されることは，T をこのような状態が成り立ち続ける t の上限であるとすると $T = +\infty$ であり，(Ⅱ.11) が成り立たなければならないということである[2)]。

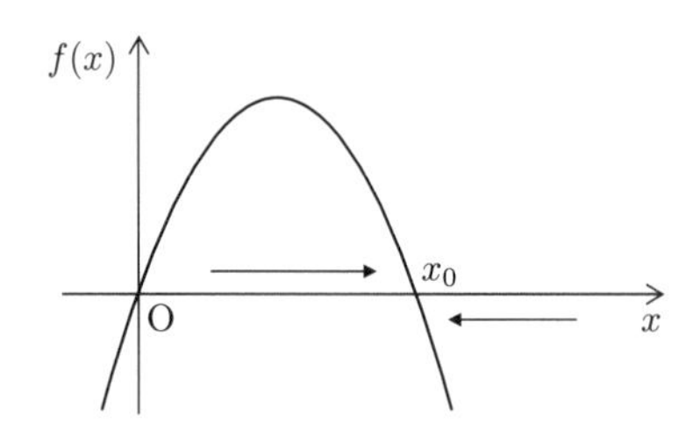

図 **Ⅱ.2**　抑制効果

(c) 力学系

一般の $f(x)$ に対して，積分 (Ⅱ.9) が初等関数の範囲で実行できることは期待できないので，解を表示することによって，微分方程式 (Ⅱ.8) の解の性質を

2) 興味のある読者は，初期値問題の解の一意存在 (基本定理) と背理法を用いて証明を与えることを試みよ。

論ずることは有効ではない。逆に，解を初等関数で表示することで，必要な情報が簡単に得られるかというとそうともいえない。実際 (Ⅱ.11) は，関数

$$f(x) = b\left(1 - \frac{x}{x_0}\right)x$$

がもつ性質

$$f(0) = f(x_0) = 0$$
$$f(x) > 0, \quad 0 < x < x_0$$
$$f(x) < 0, \quad x > x_0$$

から得られるもので，$f(x)$ の具体的な形によるものではない。

解を表示せず，その一意存在を数学的に検証しておいて，微分方程式だけから必要な情報を引き出すという手順をとるのが**力学系理論**である。以後，初期値問題

$$\frac{dx}{dt} = f(x), \quad x(0) = x_0 \qquad (Ⅱ.12)$$

が時間局所的に (十分小さい $|t|$ の範囲で) 一意的な解 $x = x(t)$ をもつ場合について考えることにする。

(Ⅱ.12) において，$f(x_0) = 0$ となる x_0 を**平衡点** (または定常解) という。(Ⅱ.12) の解の一意性から，平衡点を初期値とする (Ⅱ.8) の解は常にその点に留まる。また，平衡点以外を初期値とする解は平衡点を通過することはできない。当面平衡点の近くでの解の挙動を解析する。初期値が平衡点から少し揺らいだとき，平衡点から離れない (安定)，平衡点に近づく (漸近安定)，近くにとどまらない (不安定)，遠ざかる (漸近不安定) といった性質を考えよう。

(Ⅱ.12) の平衡点 x_0 は，$f(x)$ が $x = x_0$ で微分可能で $f'(x_0) \neq 0$ のとき**非退化**であるという。この場合 x_0 の安定性は $f'(x_0)$ の符号によって定まり，安定かつ漸近安定であるか，不安定かつ漸近不安定であるか，のいずれかである。実際，

$$f(x) = f(x_0) + f'(x_0)(x - x_0) + o\left(|x - x_0|\right), \quad x \to x_0$$
$$f(x_0) = 0 \qquad (Ⅱ.13)$$

であるから，$f'(x_0) < 0$ のとき $0 < \pm(x - x_0) \ll 1$ において $\pm f(x) < 0$ (複号同順) である。一方，軌道は x_0 に捕捉されず，$0 < |x - x_0| \ll 1$ において動き続けなければならない。したがって前項 (b) と同じ理由により，x_0 の近くの

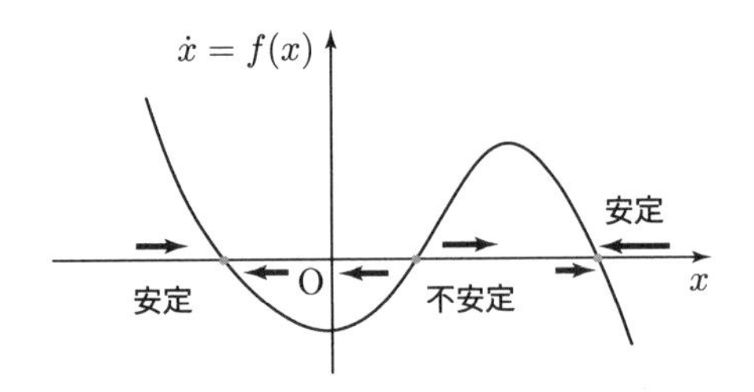

図 Ⅱ.3　1 次元力学系

解 $x(t)$ は x_0 に向かい，x_0 に無限時間かかって到達する。

一方，$f'(x_0) > 0$ のとき，x_0 の近くの解 $x(t)$ は x_0 から離れる。すなわち平衡点 x_0 は $f'(x_0) < 0$ のとき (漸近) 安定，$f'(x_0) > 0$ のとき (漸近) 不安定である。以上のことを**線形安定性**という。(図 Ⅱ.3)

安定，不安定平衡点は勝手に指定することはできない。例えば，連続する 2 つの非退化安定平衡点の間には，不安定平衡点が存在しなければならない。

注意 Ⅱ.1. $R \to 0$ に依存する量 $Q(R)$ が $Q(R)/R = 0$ $(R \to 0)$ を満たすとき，$Q(R) = o(R)$ と書く。また定数 $C > 0$ が存在して $|Q(R)| \le CR$ が成り立つとき，$Q(R) = O(R)$ と書く。したがって (Ⅱ.13) 第 1 式は

$$\lim_{x \to x_0} \frac{f(x) - f(x_0)}{x - x_0} = f'(x_0)$$

を意味する。

(d) 相 平 面

連立常微分方程式系

$$\frac{dx}{dt} = f(x,y), \qquad \frac{dy}{dt} = g(x,y) \tag{Ⅱ.14}$$

において，与えられた初期値 $(x(0), y(0))$ に対して，時間局所解

$$(x,y) = (x(t), y(t))$$

が一意的に存在するものとしよう。(Ⅱ.14) の解が xy 平面上を移動することによってできる曲線 $\mathcal{O} = \{(x(t), y(t))\}$ をその**軌道**，そのときの xy 平面を**相平面**という。

平衡点とその安定性は，(Ⅱ.14) に対しても定義できる。単独方程式 (Ⅱ.8) の場合と同様に

$$f(x_0, y_0) = g(x_0, y_0) = 0 \tag{Ⅱ.15}$$

となる (x_0, y_0) が (Ⅱ.14) の**平衡点**であって，初期値問題の解の一意性により，平衡点を通る軌道は相平面上でその 1 点のみからなる。

(Ⅱ.14) の右辺 $f(x, y)$, $g(x, y)$ には独立変数 t が含まれていない。単独方程式 (Ⅱ.8) も同様で，この形を**自励系**とよぶ。自励系の場合には，解 $(x(t), y(t))$ を一定時間ずらしたものも，初期値は異なるかもしれないが，方程式の解になる。すなわち，固定した $T > 0$ に対して，$(\widetilde{x}(t), \widetilde{y}(t)) = (x(t+T), y(t+T))$ も (Ⅱ.14) の解である。

初期値問題の一意性から，$(\widetilde{x}(0), \widetilde{y}(0)) = (x(0), y(0))$ のときは

$$(\widetilde{x}(t), \widetilde{y}(t)) = (x(t), y(t))$$

となり，解のつくる軌道 $\mathcal{O} = \{(x(t), y(t))\}$ は xy 平面 (相平面) 上の自己交差しない閉曲線 (ジョルダン閉曲線) となる。また，すべての解が $-\infty < t < +\infty$ で存在するのであれば，xy 空間は解軌道の族で埋め尽くされる。このときの軌道の全体 (束) を**葉層**という。

連立系 (Ⅱ.14) に対して，(x_0, y_0) をその平衡点 (Ⅱ.15) とする。(Ⅱ.14) の軌道は相平面上の曲線であり，平衡点の安定性の様相は単独方程式 (Ⅱ.8) に比べるとより複雑なものとなるが，線形安定性については同様の議論を展開することができる。すなわち (Ⅱ.14) を

$$\frac{d}{dt}\begin{pmatrix} x \\ y \end{pmatrix} = \begin{pmatrix} f(x, y) \\ g(x, y) \end{pmatrix} \tag{Ⅱ.16}$$

と書いて，右辺を (x_0, y_0) の近傍で展開する。2 つの 2 変数関数 $f(x, y)$, $g(x, y)$ が (x_0, y_0) で全微分可能であるときは，$(x, y) \to (x_0, y_0)$ において

$$\begin{aligned} f(x, y) &= f(x_0, y_0) + f_x(x_0, y_0)(x - x_0) + f_y(x_0, y_0)(y - y_0) \\ &\qquad + o\left(\sqrt{(x - x_0)^2 + (y - y_0)^2}\right), \\ g(x, y) &= g(x_0, y_0) + g_x(x_0, y_0)(x - x_0) + g_y(x_0, y_0)(y - y_0) \\ &\qquad + o\left(\sqrt{(x - x_0)^2 + (y - y_0)^2}\right) \end{aligned} \tag{Ⅱ.17}$$

が成り立つ。ただし

$$f_x = \frac{\partial f}{\partial x}, \quad f_y = \frac{\partial f}{\partial y}, \quad g_x = \frac{\partial g}{\partial x}, \quad g_y = \frac{\partial g}{\partial y}$$

である。(Ⅱ.15)，すなわち $f(x_0,y_0)=g(x_0,y_0)=0$ より，(Ⅱ.17) は

$$X = x - x_0, \qquad Y = y - y_0 \tag{Ⅱ.18}$$

に対して

$$\frac{d}{dt}\begin{pmatrix} X \\ Y \end{pmatrix} = \begin{pmatrix} f_x(x_0,y_0) & f_y(x_0,y_0) \\ g_x(x_0,y_0) & g_y(x_0,y_0) \end{pmatrix}\begin{pmatrix} X \\ Y \end{pmatrix} + o\left(\sqrt{X^2+Y^2}\right) \tag{Ⅱ.19}$$

と記述することができる。

注意 Ⅱ.2. (Ⅱ.14) の形の数理モデルとしては，捕食者 y と餌食 x に関する**ロトカ・ボルテラ系**

$$\frac{dx}{dt} = \alpha x - \beta xy, \qquad \frac{dy}{dt} = -\gamma y + \delta xy \tag{Ⅱ.20}$$

など，第 II 章 1.3 節で述べたもの以外にも多数知られている。筋肉ファイバーの長さ x と化学制御指数 b に関する**心臓鼓動モデル**

$$\varepsilon\frac{dx}{dt} = -(x^3 - Tx + b), \qquad \frac{db}{dt} = x - x_a$$

では T, x_a はそれぞれ筋肉ファイバーの張力と標準的長さを表している。

ロジスティック方程式は求積できるが，ロトカ・ボルテラ系は求積できない。しかし，平衡点 $(x,y)=\left(\dfrac{\gamma}{\delta},\dfrac{\alpha}{\beta}\right)$ 以外の軌道はすべて，周期軌道になる。連立系 (Ⅱ.14) の力学系理論は，単独系 (Ⅱ.12) 以上に重要な意味をもっている。

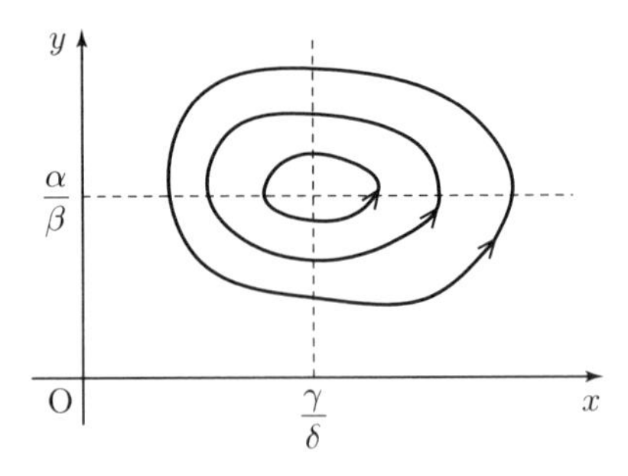

図 Ⅱ.4　平衡点と周期軌道

注意 Ⅱ.3. (Ⅱ.17) は，$f=f(x,y)$ をベクトル $z=\begin{pmatrix} x \\ y \end{pmatrix}$ の関数と考えると理解しやすい。すなわち，ベクトル

$$\nabla f(z_0) = \begin{pmatrix} f_x(x_0, y_0) \\ f_y(x_0, y_0) \end{pmatrix}, \qquad z_0 = \begin{pmatrix} x_0 \\ y_0 \end{pmatrix} \tag{Ⅱ.21}$$

を用意し，ベクトル z の長さを $|z|$，ベクトル z, w の内積を $z \cdot w$ と書くと，(Ⅱ.17) は

$$f(z) = f(z_0) + \nabla f(z_0) \cdot (z - z_0) + o(|z - z_0|) \tag{Ⅱ.22}$$

と表すことができる。(Ⅱ.21) で表される ∇f が，第 I 章 3.5 節で述べた f の勾配である。(Ⅱ.13) と (Ⅱ.22) を比較すると，2 変数関数では勾配 ∇f が 1 変数関数の微分 f' に対応していることがわかる。(Ⅱ.21) の ∇f は位置 z によって定まるベクトルで，**ベクトル場**という。これに対して，f のように位置を独立変数とするスカラー関数を**スカラー場**という。

(e) 線形化理論

(Ⅱ.18) の (X, Y) を平衡点 (x_0, y_0) からの**摂動**，(Ⅱ.19) の誤差の項を無視した

$$\frac{d}{dt}\begin{pmatrix} X \\ Y \end{pmatrix} = \begin{pmatrix} f_x(x_0, y_0) & f_y(x_0, y_0) \\ g_x(x_0, y_0) & g_y(x_0, y_0) \end{pmatrix} \begin{pmatrix} X \\ Y \end{pmatrix} \tag{Ⅱ.23}$$

を (Ⅱ.16) の**線形化方程式**とよぶ。線形化行列

$$A = \begin{pmatrix} f_x(x_0, y_0) & f_y(x_0, y_0) \\ g_x(x_0, y_0) & g_y(x_0, y_0) \end{pmatrix}$$

が非退化である場合には，(Ⅱ.16) の軌道は (x_0, y_0) の近傍で線形化方程式 (Ⅱ.23) によって近似される。

ここで，ベクトル

$$Z = \begin{pmatrix} X \\ Y \end{pmatrix}$$

を導入すると，線形化方程式 (Ⅱ.23) は

$$\frac{dZ}{dt} = AZ \tag{Ⅱ.24}$$

と書くことができ，解の形を $Z(t) = e^{\lambda t} Z_0$ と仮定して代入すれば

$$(A - \lambda I)Z_0 = 0 \tag{Ⅱ.25}$$

が得られる。

(Ⅱ.25) が自明でない

$$Z_0 \neq \begin{pmatrix} 0 \\ 0 \end{pmatrix}$$

に対して成り立てば，(Ⅱ.24) は自明でない解 $Z(t) = e^{\lambda t}Z_0$ をもつ。この条件を満たす λ が行列 A の**固有値**であり，このときの Z_0 が固有ベクトルである。ここで行列 A の固有値は，固有方程式

$$|\lambda I - A| = 0 \tag{Ⅱ.26}$$

を解くことによって求めることができる。ただし I は単位行列で，$|B|$ は行列 B の行列式を表す。

n 変数の連立系

$$\frac{dx_i}{dt} = f_i(x),\ 1 \le i \le n, \quad x = (x_1, \cdots, x_n) \tag{Ⅱ.27}$$

では，平衡点は

$$f_i(x_0) = 0,\ 1 \le i \le n, \quad x_0 = (x_{10}, \cdots, x_{n0})$$

によって定まり，平衡点 x_0 での線形化行列は**ヤコビ行列**

$$A = \left(\frac{\partial f_i}{\partial x_j}(x_0)\right)_{1 \le i,j \le n}$$

で与えられる。

行列 A は $n \times n$ の正方行列であり，線形化方程式は (Ⅱ.24) を n 変数にした

$$\frac{dZ}{dt} = AZ \tag{Ⅱ.28}$$

である。A の固有方程式は n 次の代数方程式であり，代数学の基本定理により，重複も含めて n 個の複素数解をもつ。これが線形化理論で複素数がでてくる理由である。以下，複素数全体を $\mathbf{C}$ とおく。

$n \times n$ 行列 A が相異なる n 個の固有値 $\lambda_1, \cdots, \lambda_n$ をもつ場合には，対応する固有ベクトル $Z_1, \cdots, Z_n$ は線形独立であり，ベクトル空間 $\mathbf{C}^n$ の基底となる。このときは，(Ⅱ.28) の一般解は $e^{\lambda_i t}Z_i,\ i = 1, \cdots, n$ の線形結合

$$Z(t) = c_1 e^{\lambda_1 t} Z_1 + \cdots + c_n e^{\lambda_n t} Z_n \tag{Ⅱ.29}$$

で表される。ただし $c_1, \cdots, c_n$ はスカラーである。この場合には，複素数 $\lambda = a + \imath b,\ a, b \in \mathbf{R}$ に対する**オイラーの公式**

$$e^{t\lambda} = e^{ta}(\cos tb + \imath \sin tb) \tag{Ⅱ.30}$$

と (Ⅱ.29) から，$\lambda_1, \cdots, \lambda_n$ が虚部をもつかどうか，実部の符号はどうであるかによって $t \uparrow +\infty$ としたときの $Z(t)$ の挙動が $c_1, \cdots, c_n$ と関連づけて規定さ

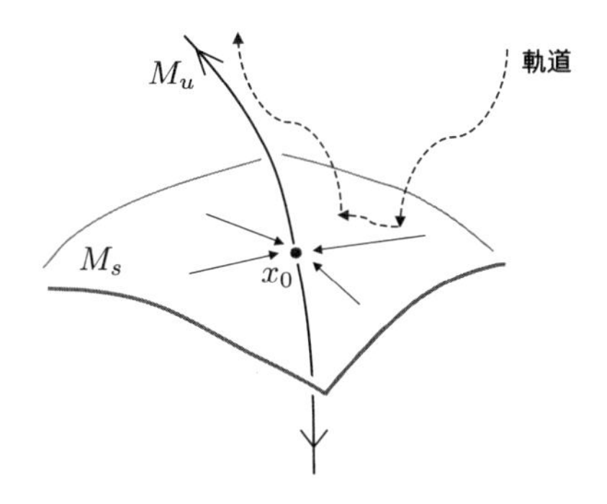

図 **II.5** 3 次元力学系 (安定多様体 M_s と不安定多様体 M_u)

れる。

一般のときも，(II.24) の解は A のジョルダン標準形と変換行列によって表示されるので，(II.29) の各項に t の多項式を掛けた要因が加わるのみである。したがって A が退化しない場合には，固有値の実部の符号と虚部の有無で線形化方程式の解の $t \uparrow \pm\infty$ の挙動，ひいては平衡点 x_0 の近傍での (II.27) の軌道の様相が定まる。

固有方程式が 0 でない実数解のみをもつ場合は，線形化方程式 (II.28) の解は平衡点を表す 0 に指数関数的に引き付けられる部分とはじき出される部分に分解され，このことが，(II.27) において平衡点が安定多様体と不安定多様体を生成する駆動力となる。より詳しくは，負の固有値の数 d が平衡点の**モース指数**であり，指数 d の次元をもつ超曲面 M_s があり，その上の軌道は $t \to +\infty$ で x_0 に指数関数的に近づく。これを**安定多様体**という。一方，安定多様体と横断的に交わる，**不安定多様体**とよぶ $(n-d)$ 次元の超曲面 M_u があり，この上の軌道は $t \to -\infty$ で x_0 に指数関数的に近づく。$0 < d < n$ において x_0 は鞍点となり，M_s や M_u 上に存在しない軌道は，破線で描いたように，$t \to +\infty$ の方向でみると，いったん M_s に吸い込まれ，次に M_u に引き付けられて x_0 から離れていく。(図 II.5)

固有方程式が複素解をもつときは互いに共役な対をつくり，実部の正負によって線形化方程式の解には，$t \to \pm\infty$ での 0 への近づき方に回転の要素が加わる。さらに実部が 0 である複素共役固有値が現れると，対応する部分で線形化方程式の解は周期的となり，(II.27) の軌道は渦心状となる成分をもつ。

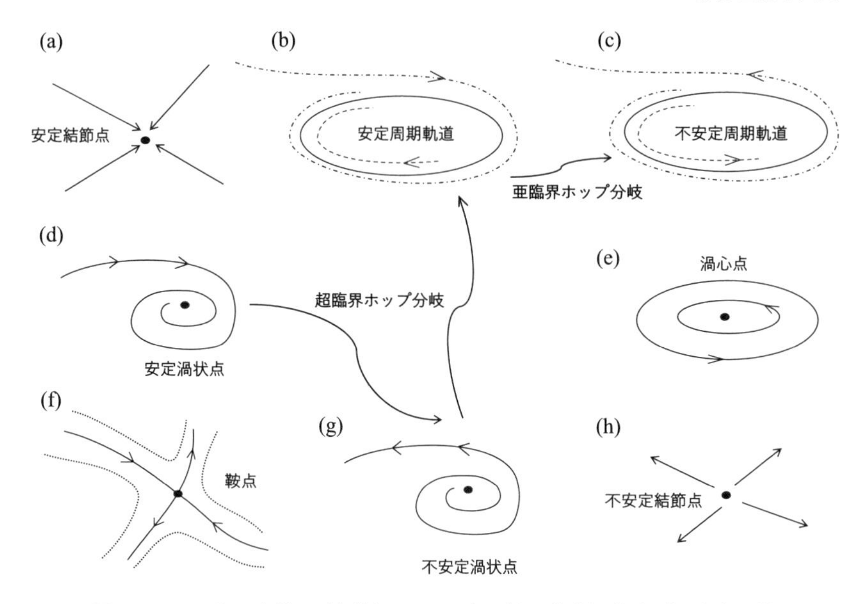

図 **Ⅱ.6** 2 次元力学系 (定常解とホップ分岐)。安定渦状点が不安定渦状点に変わるときに安定周期解が発生するのが「超臨界ホップ分岐」，安定周期軌道が不安定周期軌道に変わるのが「亜臨界ホップ分岐」である。

(Ⅱ.14) の場合は $n = 2$ であり，非退化安定平衡点は (a) 結節点 (吸込)，(d) 渦状点 (吸込)，(e) 渦心点に，非退化不安定平衡点は (h) 結節点 (湧出)，(g) 渦状点 (湧出)，(f) 鞍点に分類される。(図 Ⅱ.6)

1.5 骨代謝と DAF 仮説

細胞の個体数の変動に着目すれば，健常な個体では入力と出力がバランスした動的平衡の状態にあり，その崩壊が発病という出来事である。このことは，パラメータの変動とともに定常解が安定性を失って不安定化する状況に類似している。

代謝は生命現象を維持するために欠かせないもので，通常この過程は動的平衡にある。骨代謝では骨芽細胞と破骨細胞の 2 種類の細胞の成熟がバランスし，これが崩れると個体が不安定となり，大理石骨症か骨粗鬆症を発生させる。骨芽細胞と破骨細胞は，それぞれ前骨芽細胞と前破骨細胞が分化したものである。前骨芽細胞と前破骨細胞が形成されてくる過程など，細胞分化については分子

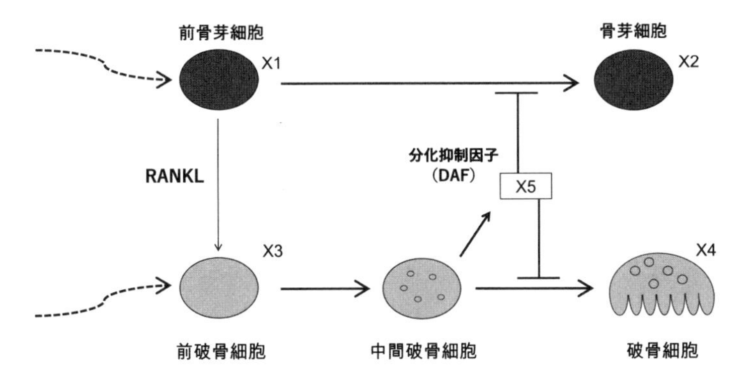

図 **II.7**　細胞の分化

レベルでも詳しく調べられている。ここでは，この 2 つの分化のラインが前骨芽細胞が **RANKL** という制御因子を介して前破骨細胞を活性化することで交錯していると考える。また細胞生物学実験で，ある細胞分子が前破骨細胞と破骨細胞の中間体から産生され，2 つの分化の過程を抑制しているというデータがある。そこでこの分子を DAF (分化抑制因子) と名づけ，この仮説を数理モデルで検証する[3)]。(図 II.7)

1.6　数理モデルと動的平衡

注目する細胞と細胞分子は，前骨芽細胞 (X_1)，骨芽細胞 (X_2)，前破骨細胞 (X_3)，破骨細胞 (X_4)，DAF (X_5) である。トップダウンモデルとして，これらの分化や産生，制御の機序を組織レベルで数式で表す。

主要因は細胞の分化であり，分化率 $\ell_i,\ i=1,2$，補充度 $m_i,\ i=1,2$ を用いた 1 次反応で記述する。また組織から細胞分子をみるので，X_5 には X_3 による産生 (産生率 γ) とともにそれ自身の減衰項 (減衰率 δ) を入れ，X_1, X_3, X_5 の形成プロセスは粗視化する。

$$\frac{dX_1}{dt} = -\ell_1 X_1 + m_1,$$
$$\frac{dX_2}{dt} = \ell_1 X_1,$$

3) Suzuki, T. *et al.*, Proc. Forum Mathematics for Industry 2015, pp.25-34, Springer, 2016

$$\frac{dX_3}{dt} = -\ell_2 X_3 + m_2,$$
$$\frac{dX_4}{dt} = \ell_2 X_3,$$
$$\frac{dX_5}{dt} = \gamma X_3 - \delta X_5 \qquad (\text{Ⅱ}.31)$$

次に RANKL, DAF の亢進，抑制効果は分子レベルから細胞レベルへの作用であるので $\ell_i, i = 1, 2$ にはたらく関数関係として上書きし，ボトムアップモデルとする。亢進と抑制のメカニズムは次節で検討するが，ここでは簡単に，定数 a, b, c, e, f, g, h, j を用いて，分化のレートを線形の比例・反比例関係で制御するものとして記述する。以下で展開する議論は定性的なため，このモデルをより一般の関数関係に変更しても差支えない。

$$m_2 = aX_1 + b, \quad \ell_1 = \frac{c}{jX_5 + e}, \quad \ell_2 = \frac{f}{gX_5 + h} \qquad (\text{Ⅱ}.32)$$

正常な個体では**動的平衡**が成り立っている。この場合には X_1, X_3, X_5 が時間に依存せず，骨芽と破骨という 2 つの分化ラインにおいて，補充度 $m_i, m = 1, 2$ に対応する生成物 X_2, X_4 が排出されている状態である。したがって

$$\frac{dX_1}{dt} = \frac{dX_3}{dt} = \frac{dX_5}{dt} = 0$$

より，

$$\ell_1 X_1 = m_1, \quad \ell_2 X_3 = m_2, \quad \gamma X_3 = \delta X_5 \qquad (\text{Ⅱ}.33)$$

が得られる。

制御メカニズムを簡単に比例，反比例で表したので，(Ⅱ.32) と (Ⅱ.33) を連立させたものは X_5 の 2 次方程式で表される。すなわち，$y > 0$ で軸が $x < 0$ にある 2 次式 $y = \varphi(x)$ を用いて

$$\frac{\delta}{\gamma} X_5 = \varphi(X_5) \qquad (\text{Ⅱ}.34)$$

としたものが，動的平衡において X_5 を定める方程式である。2 次式

$$\varphi(s) = As^2 + Bs + C$$

の係数 A, B, C は上述の a, b, c, e, f, g, h, j で決まるので固定し，$\lambda = \dfrac{\delta}{\gamma}$ を変化させる。動的平衡は，放物線 $y = \varphi(x)$ と直線 $y = \lambda x$ の交点のいずれかで記述されるのである。

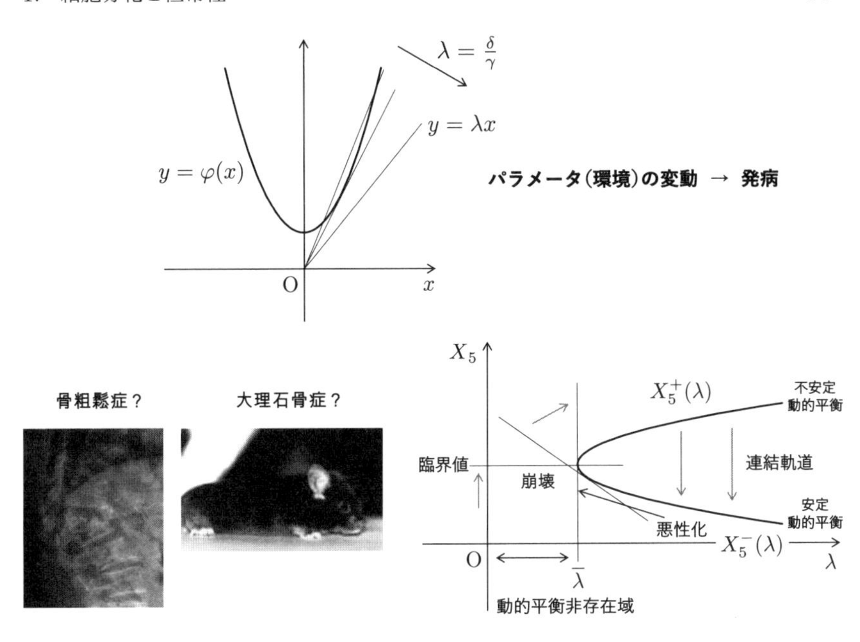

図 II.8 動的平衡

1.7 健常な代謝系と動的平衡の崩壊

通常，放物線と直線が交わると交点が 2 つできるが，このうちの力学安定なものが動的平衡として選ばれる。数理モデル (II.31)–(II.32) は X_1, X_3, X_5 で閉じているので，2 つの交点をこの 3 連立方程式系の平衡点と考え，その線形化安定性を調べれば動的平衡が表示できる。実際，$\lambda = \delta/\gamma$ が適切に選ばれていれば，交点は $x = X_5$ の値が大きい $X_5^+(\lambda)$ と，小さい $X_5^-(\lambda)$ の 2 つあり，$X_5^-(\lambda)$ が動的平衡になる。

λx 平面上で，これらの平衡点 $x = X_5^+(\lambda)$, $x = X_5^-(\lambda)$ を表示して λ を動かせば，左に凸な曲線が表れる。線形安定性の理論によって $X_5^-(\lambda)$ のモース指数は 0 であるが，$X_5^+(\lambda)$ の不安定度も高くなく，モース指数は 1 である。一般にこのような状態では，$X_5^+(\lambda)$ の不安定多様体は $X_5^-(\lambda)$ に達し，無限時間かかって $X_5^+(\lambda)$ から $X_5^-(\lambda)$ に至る軌道が存在する。力学系理論ではこのような軌道を**連結軌道**という。

健常な代謝系は，連結軌道上で速やかな動的平衡への収束が成立している状況であり，パラメータ λ が適正に設定されている場合に実現する一方，代謝系

の揺らぎは λ の変動をもたらす。この揺らぎは，λx 平面上の点 $X_5^-(\lambda)$ の移動で表すことができる。実際，揺らぎが不安定化の方向に向かうのは λ が減少するときである。(図 Ⅱ.8)

λ が臨界値 $\overline{\lambda}$ をとるとき，放物線と直線が接し，λ がさらに $\overline{\lambda}$ を超えて減少すると，もはや動的平衡が存在しない，すなわち，代謝系に異変が発生した状態が発生する。この異常は大理石骨症ではなく，骨粗鬆症として発現するのである。

1.8 近動的平衡の力学系

動的平衡では，X_5 は (Ⅱ.34) の小さいほうの解 X_5^- で表示される。連動して X_3, X_5 は (Ⅱ.33) と (Ⅱ.32) で定められる。X_1, X_3 を X_5 で陽に表示するこの式が近似的に成り立つ状態を，**近動的平衡**ということにする。近動的平衡とは，(Ⅱ.31)–(Ⅱ.32) が単独方程式

$$\frac{dX_5}{dt} = \gamma\varphi(X_5) - \delta X_5 \tag{Ⅱ.35}$$

で近似される状態である。

動的平衡が崩壊する状況でも，全体の力学系はまだ近動的平衡にある。このとき X_2, X_4 のいずれかの産生が抑制されるかによって，骨粗鬆症となるか大理石骨症となるかが決まる。

近動的平衡において

$$\frac{dX_4}{dX_2} = \frac{\ell_2 X_3}{\ell_1 X_1} = \frac{m_2}{m_1} = \frac{1}{m_1}(aX_1 + b),$$

および

$$X_1 = \frac{m_1}{\ell_1} = \frac{m_1}{c}(jX_5 + e)$$

であり，

$$\frac{dX_4}{dX_2} = \psi(X_5) \tag{Ⅱ.36}$$

において $\psi'(X_5) > 0$ が成り立つ。

(Ⅱ.36) の時間微分をとると

$$\frac{d}{dt}\left(\frac{dX_4}{dX_2}\right) = \psi'(X_5)\frac{dX_5}{dt}$$

であるので，動的平衡が崩壊する時点において，X_5 が増大していれば X_2 の産

生が抑制されて骨粗鬆症に向かい，X_5 が減少するときは X_4 の産生が抑制されて大理石骨症の方向に進むことになる。

1.9 動的平衡崩壊のシナリオ

前 1.8 節でみたのは，近動的平衡での一般的な力学系であったが，ここでは動的平衡が崩壊するときには X_5 が増加し続け，骨粗鬆症が発生することを説明する。そのためには，動的平衡での力学系をより詳しく理解する必要がある。

最初に動的平衡を含む全力学系が，X_1, X_3, X_5 を座標軸とする 3 次元相空間のなかでどのように実現されているかをみる。近動的平衡では，(Ⅱ.33) の第 1, 2 式によって X_1, X_3 が近似的に X_5 の関数として表示されることを述べた。(Ⅱ.33) の第 1, 2 式は相空間 $X_1X_3X_5$ のなかの曲線 $\mathcal{C}_*$ を定めるので，近動的平衡とは，この曲線を含む管状領域 Γ の出来事として実現される力学系のことであると考えてよい。(図 Ⅱ.9)

動的平衡崩壊の近辺で，Γ は λ の変動に対して安定で動かないものと考えて

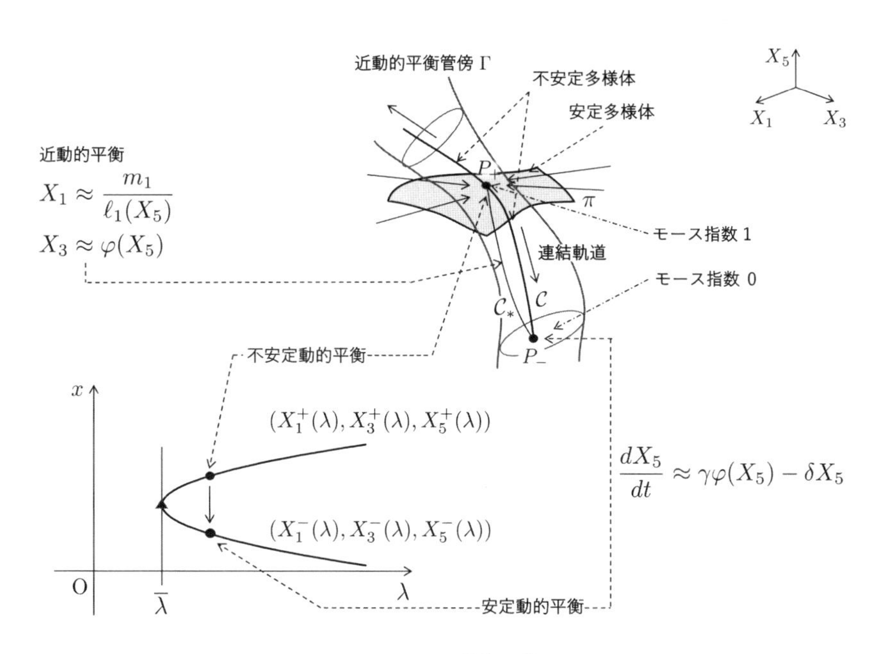

図 **Ⅱ.9** 近動的平衡

よい。逆に λ によって大きく変動するのは，X_5 についての 2 次方程式 (Ⅱ.34) の解構造である。動的平衡が存在する場合にはこれらは，Γ 内の 2 点 P_+, P_- として実現される。全力学系の平衡点としてみた場合，X_5 の値が大きい P_+ は不安定，X_5 の小さい P_- が安定であり，動的平衡を表している。また，無限時間かかって P_+ から P_- に推移する連結軌道 $\mathcal{C}$ が存在する。λ が減少して動的平衡の崩壊が近づくと，P_+, P_- は限りなく近づくので，$\mathcal{C}$ は Γ の中に含まれる。

さて，P_- は (X_1, X_3, X_5) の力学系の平衡点として安定であるので，その近傍の点を初期値とする軌道はすべて P_- に吸い込まれる。一方，P_+ は不安定ではあるが，その不安定度を示すモース指数は 1 であり，この点を通る曲面 π (安定多様体) が存在して，π 上の点を初期値とする軌道は P_+ に吸い込まれる。したがって $\mathcal{C}$ は π と横断的であり，π は P_+ の近くでは X_1X_3 平面を底とするグラフ $X_5 = X_5(X_1, X_3)$ で表される。(図 Ⅱ.10 右上)

λ が減少して臨界値 $\overline{\lambda}$ に到達すると，P_+, P_- は合体して，「条件安定」な平衡点を形成する。(図 Ⅱ.10 左下)　わずかに残った安定多様体も λ が $\overline{\lambda}$ を過ぎ

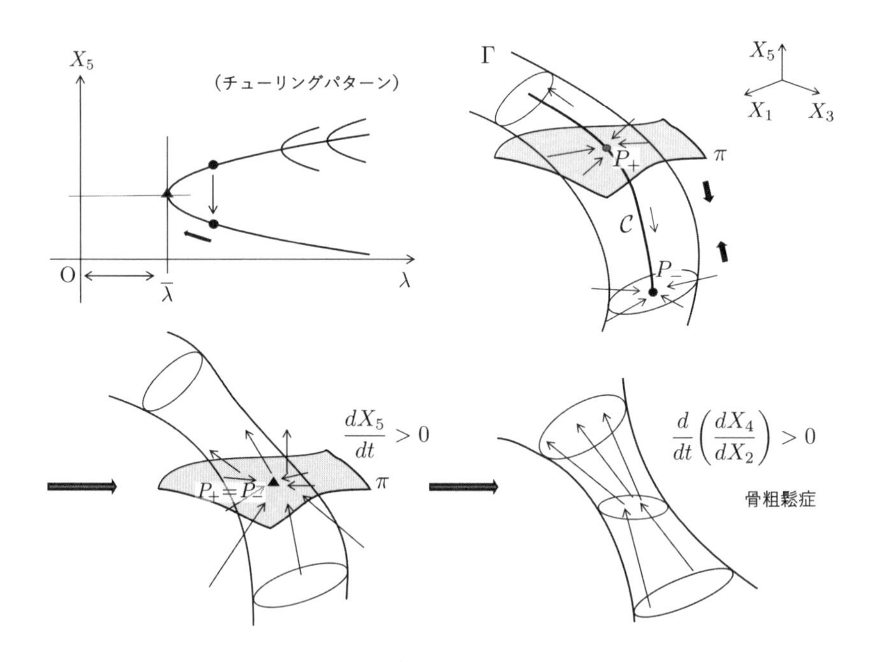

図 Ⅱ.10　動的平衡の崩壊

ると消滅し，P_+, P_- 両方の性質が融合したゾーンが出現して，このゾーンのすべての軌道は X_5 軸から見て下から上へと向かう。すなわち X_5 は時間とともに増大し，近動的平衡力学系によって X_2 が抑制されて骨粗鬆症に至るのである。(図 Ⅱ.10 右下)

2. 反応ネットワークのグルーピング

2.1 基底膜分解

MT1-MMP は細胞膜を貫通する膜型プロテアーゼである。浸潤初期過程において，がん細胞の表面に現出する浸潤突起の膜上に多数発現する。一般に腫瘍の悪性化は生体が本来もっている機構が制御不能になることで促進するが，MT1-MMP も個体発生の段階では骨形成にかかわる膜たんぱくである。ECM 分解だけでなく，細胞内外の悪性化シグナル伝達の要となるプロテアーゼである。MT1-MMP は，基底膜分解酵素 MMP2 を活性化して浸潤，転移を促進させる他，それ自身コラゲナーゼ (分解酵素) 膜たんぱくとして細胞外基質を分解し，さらには細胞膜上のシグナル受容体や増殖因子などの機能性膜分子を加工し，腫瘍細胞の悪性度を増強させる。なかでも浸潤初期過程において基底膜分解酵素である MMP2 前駆体を活性化させるのは，MT1-MMP がもつ特筆すべき役割である。

基底膜はコラーゲン IV で構成される網目状の膜であり，がん細胞が間質へ浸潤するのを防ぐバリアとしてはたらく。MT1-MMP は，このコラーゲン IV を特異的に分解する MMP2 前駆体の生体内の活性化因子として作用する。そして MT1-MMP が間質のコラーゲン I を分解することで，がん細胞の間質組織への浸潤が成立する。以下は MT1-MMP が MMP2 を活性化するシナリオの一つである[4)]。(図 Ⅱ.11)

(1) 細胞膜を貫通している MT1-MMP が 2 量体をつくる。
(2) その 2 量体の片側に，TIMP2 を足場とする MMP2 が結合する。
(3) 2 量体のうち TIMP2-MMP2 と結合していないほうの片割れが，TIMP2-MMP2 の結合を切断する。
(4) 切断された MMP2 が活性型になり，基底膜分解を開始する。

4) Sato, H. *et al.*, Nature 370 (1994) 61-65

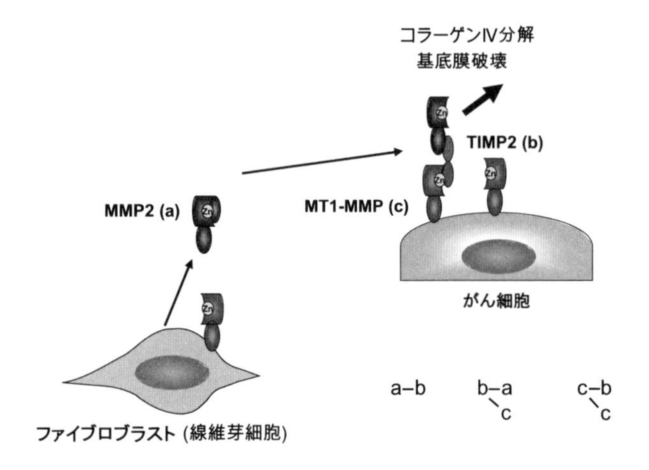

図 II.11 基底膜分解の機序

2.2 結合の規則

この過程は，MT1-MMP, TIMP2, MMP2 の 3 種類のたんぱく質が結合・解離する化学反応である。簡単のため MMP2, TIMP2, MT1-MMP を a, b, c で表すと，上記シナリオから，重合体 $abcc$ が MMP2 を活性化する基であることがわかる。a, c は直接結合せず，b を介してのみ $abcc$ が生成されるので，$abcc$ が形成されるためには初期状態において b はある程度存在しなければならない。しかし，b がたくさんありすぎると abc の重合体である $abccba$ が大量につくられてしまう。$abccba$ ではどちらの a も b に捕捉されて活性をもたず，b を切断することができない。したがって，b の初期値 b_0 に対する $abcc$ の平衡値 $abcc_\infty$ のグラフ b_0–$abcc_\infty$ 曲線は，鋭いピークをもつであろうことが予想できる。

では，a, b, c はどのような規則で結合するのであろうか。最初に a と c は直接結合せず，ともに b と結合する手をもっていることがわかる。同時に c は 2 量体 cc をつくるので同じ c と結合する手をもっていることもわかる。これ以外の結合手の可能性を否定することは難しいが，その存在を指摘した文献はないので結合の規則として以下 (1)〜(4) を仮定する。

(1) a は b との結合手を 1 つもつ。

(2) b は a, c との結合手をそれぞれ 1 つずつもつ。

(3) c は b, c との結合手をそれぞれ 1 つずつもつ。

(4) これ以外の結合手は存在しない。

この規則のもとで2量体から6量体まで9種類の結合体ができることがわかる。

実験によって a, b, c 単体の結合と重合体の解離の反応速度が計測され，これらの数値は論文や公開されているデータベースから得ることができる[5)]。一般に単体どうしの結合・解離を**素過程**という。一方，9種類の結合体が生成される反応については，これらの結合体の存在そのものが実験的に検証することが難しく，反応速度も計測されていない。これらの反応は単体 a, b, c が何らかの分子で修飾されたものの素過程であるので，反応速度定数を素過程のもので転用する。

2.3 化学反応の数理モデリング

(a) 質量作用の法則

化学反応の数理モデリングは，数理腫瘍学においても基本的な役割を果たしている。質量作用の法則は経験則であるが，反応速度定数については実測値が多数報告されていることを生かし，単位系にも留意すると生命動態を実時間でシミュレーションすることができる。

温度一定の溶液があるとき，その中の化学反応によって単位時間に物質が生成される割合を**反応速度**という。反応速度 v は反応分子の衝突頻度 p に比例し，経験則から p は反応化合物の濃度 c に比例する。したがって v は c に比例係数 k を掛け合わせたものになる。このことを**質量作用の法則**といい，k を**反応速度定数**とよぶ。

反応速度 k で A, B が結合して P が生成されることを

$$A + B \to P \quad (k) \tag{II.37}$$

と書く。質量作用の法則によって A, B, P の濃度 $[A], [B], [P]$ の時間変化について

$$\frac{d[A]}{dt} = -k[A][B],$$
$$\frac{d[B]}{dt} = -k[A][B],$$

5) Hoshino, D. *et al.*, PLoS Comp. Biol. 8 (4) (2012) e1002479

$$\frac{d[P]}{dt} = k[A][B] \tag{Ⅱ.38}$$

が成り立つ。

P が反応速度 ℓ で A, B に分解する反応

$$P \to A + B \quad (\ell) \tag{Ⅱ.39}$$

は 1 次反応で

$$\frac{d[A]}{dt} = \ell[P], \qquad \frac{d[B]}{dt} = \ell[P], \qquad \frac{d[P]}{dt} = -\ell[P]$$

が成り立つ。素過程は (Ⅱ.37), (Ⅱ.39) が同時に起こっている場合であるので

$$\begin{aligned} \frac{d[A]}{dt} &= -k[A][B] + \ell[P], \\ \frac{d[B]}{dt} &= -k[A][B] + \ell[P], \\ \frac{d[P]}{dt} &= k[A][B] - \ell[P] \end{aligned} \tag{Ⅱ.40}$$

が得られる。いずれの場合も A, B の質量保存則

$$\frac{d}{dt}([A] + [P]) = 0, \qquad \frac{d}{dt}([B] + [P]) = 0 \tag{Ⅱ.41}$$

が成立する。

$[A]$, $[B]$, $[P]$ に対する連立系 (Ⅱ.40) は求積可能である。実際，質量保存則 (Ⅱ.41) により α, β を定数として

$$[A] = \alpha - [P], \qquad [B] = \beta - [P]$$

であり，$X = [P]$ として

$$\frac{dX}{dt} = k(\alpha - X)(\beta - X) - \ell X \tag{Ⅱ.42}$$

が得られる。

(Ⅱ.42) は変数分離型 (Ⅱ.8) であり，(Ⅱ.9) の左辺の積分は 2 次式の部分分数分解で求めることができる。特に解の漸近挙動は，右辺を 0 とおいた 2 次方程式によって規定される。

(b) 活 性 化

前 II.1 節では，代謝系の制御をマクロからみて，酵素の線形和の比例・反比例の関係で表示した。このようなモデリングはシステム生物学でよく用いられ，

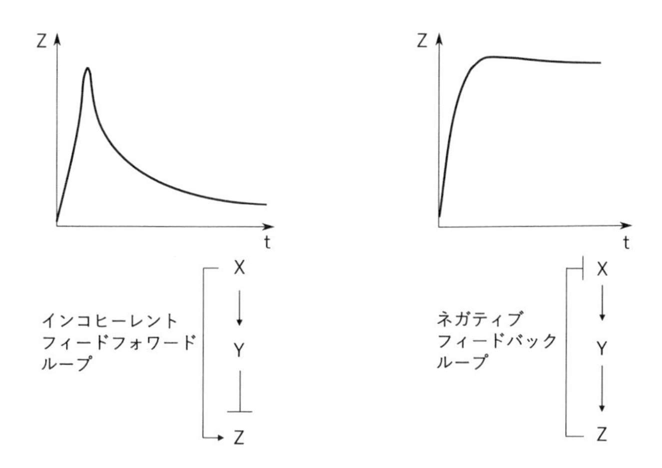

図 II.12　フィードフォワード (左) とフィードバック (右)：Z の発現量の時間変化

フィードフォワードやフィードバックを関数関係で表示する。この操作は，ミクロな動態を平均化することで正当化され，その導出過程を確認することで，適切な適用範囲を知ることができる。(図 II.12)

酵素による反応の活性化については，**ミカエリス・メンテンの式**が有効である。ここでは酵素 E が基質 S に付着して複合体 ES をつくり，さらに ES が分解して E と P を生成する触媒過程

$$S + E \leftrightarrow ES \rightarrow E + P \tag{II.43}$$

を考える。

(II.43) 第 1 式で左から右の反応速度定数を k_1，右から左への反応速度定数を k_{-1}，第 2 式の反応速度定数を k_2 とし，S, E, ES, P の濃度をそれぞれ $[S] = s$, $[E] = e$, $[ES] = f$, $[P] = p$ とすると，質量作用の法則から

$$\begin{aligned}
\frac{ds}{dt} &= -k_1 se + k_{-1} f, \\
\frac{de}{dt} &= -k_1 se + k_{-1} f + k_2 f, \\
\frac{df}{dt} &= k_1 se - k_{-1} f - k_2 f, \\
\frac{dp}{dt} &= k_2 f
\end{aligned} \tag{II.44}$$

が成り立つ。

数値シミュレーションによると，ES は反応の初期に急激に増加した後減少し，短時間で安定な状態に移行する。これは実験ともよく合うので初期層を無視し，(Ⅱ.44) の第 3 式の右辺を 0 とおくと

$$se = k_m f, \qquad k_m = \frac{k_{-1} + k_2}{k_1} \tag{Ⅱ.45}$$

が得られる。

質量保存則から

$$e + f = e_T \tag{Ⅱ.46}$$

は定数である。また (Ⅱ.45)–(Ⅱ.46) より，基質と複合体のあいだの関数関係

$$f = \frac{e_T s}{k_m + s} \tag{Ⅱ.47}$$

が得られる。

したがって，$v_m = k_2 e_T$ に対して (Ⅱ.44) の第 4 式と第 1 式は

$$\frac{dp}{dt} = \frac{v_m s}{k_m + s}, \qquad \frac{ds}{dt} = -\frac{v_m s}{k_m + s}$$

に帰着する。v_m は反応速度 $v = \dfrac{dp}{dt}$ の最大値で，平衡定数 $k_m = (k_{-1} + k_2)/k_1$ とともに実測値が知られている。

(c) 阻　害

反応の抑制にはさまざまな形態があるが，一例として，基質 S から一定の割合で物質 P が産生している状況で，阻害因子 E が S と結合することによって，S を P の産生に関与させなくなるという状況を分析する。

この反応は

$$S + E \leftrightarrow ES, \quad S \to P \tag{Ⅱ.48}$$

と書くことができる。(a) の質量作用の法則のところと同じように，(Ⅱ.48) 第 1 式で左から右の反応速度定数を k_1，右から左への反応速度定数を k_{-1}，第 2 式の反応速度定数を k_2 とし，S, E, ES, P の濃度をそれぞれ $[S] = s$, $[E] = e$, $[ES] = f$, $[P] = p$ とすると，質量作用の法則から

$$\begin{aligned}\frac{ds}{dt} &= -k_1 se + k_{-1} f - k_2 s, \\ \frac{de}{dt} &= -k_1 se + k_{-1} f,\end{aligned}$$

$$\frac{df}{dt} = k_1 se - k_{-1} f,$$
$$\frac{dp}{dt} = k_2 s \qquad (\text{II}.49)$$

が成り立つ。

この式から可逆的な阻害である $k_{-1} > 0$ の場合には，ES や E は短時間で定常的になり

$$\frac{ds}{dt} = -k_2 s, \qquad \frac{dp}{dt} = k_2 s$$

となって，定常的な阻害効果が得られないことがわかる。

(d) 重合の規則

質量作用の法則は，粒子の出会う確率が濃度またはその衝突頻度に比例するという法則である。この法則に従って，**重合**についての結合 $A + A \to AA$ や解離 $AA \to A + A$ の反応速度定数を求めるために，一方の A を別の分子 C で隠して反応の対称性を壊し，

$$A + AC \to AAC\ (k), \qquad AAC \to A + AC\ (\ell) \qquad (\text{II}.50)$$

によって結合定数 k と解離定数 ℓ を与える。

N_A を単位容積当たりの A 分子の数とすれば (A, A) の組合せは

$$\frac{1}{2} N_A (N_A - 1) \approx \frac{N_A^2}{2}$$

であり，これが単位容積，単位時間で A 分子どうしが衝突する回数に比例するというのが質量作用の法則であるので，反応速度定数は (II.50) より

$$A + A \to AA\ (k/2), \qquad AA \to A + A\ (\ell) \qquad (\text{II}.51)$$

とする。そのうえで，微分方程式は 2 つの $[A]$ 方程式の右辺の和をとって

$$\frac{d[A]}{dt} = 2\left(-\frac{k}{2}[A]^2 + \ell[AA]\right),$$
$$\frac{d[AA]}{dt} = \frac{k}{2}[A]^2 - \ell[AA] \qquad (\text{II}.52)$$

とする。

(II.52) においては質量保存則

$$\frac{d}{dt}([A] + 2[AA]) = 0$$

が成り立ち，$\alpha = [A] + 2[AA]$, $[A] = X$ に対して，(II.52) は積分可能な変数分

離型

$$\frac{dX}{dt} = -kX^2 + \ell(\alpha - X)$$

に帰着される。

(e) 修飾分子の反応速度

反応分子が別の分子で修飾された**修飾分子**の場合の反応速度定数を定めるため

$$A + B \to AB\ (k), \qquad AB \to A + B\ (\ell) \tag{Ⅱ.53}$$

を素過程とし，A と BB や A と AB の結合解離定数を求める。

実際，(Ⅱ.53) より A と BB との結合解離は

$$A + BB \to ABB\ (2k), \qquad ABB \to A + BB\ (\ell)$$

とするのが妥当であり，反応式

$$\begin{aligned}
\frac{d}{dt}[A] &= -2k[A][BB] + \ell[ABB], \\
\frac{d}{dt}[BB] &= -2k[A][BB] + \ell[ABB], \\
\frac{d}{dt}[ABB] &= 2k[A][BB] - \ell[ABB]
\end{aligned} \tag{Ⅱ.54}$$

が得られる。

一方，A と AB との結合解離では

$$A + AB \to ABA\ (k), \qquad ABA \to A + AB\ (2\ell)$$

であり，

$$\begin{aligned}
\frac{d}{dt}[A] &= -k[A][AB] + 2\ell[ABA], \\
\frac{d}{dt}[AB] &= -k[A][AB] + 2\ell[ABA], \\
\frac{d}{dt}[ABA] &= k[A][B] - 2\ell[ABB]
\end{aligned} \tag{Ⅱ.55}$$

となる。

(Ⅱ.54) および (Ⅱ.55) において，質量保存則はそれぞれ

$$\frac{d}{dt}([A] + [ABB]) = 0, \qquad \frac{d}{dt}(2[BB] + 2[ABB]) = 0,$$

および

$$\frac{d}{dt}([A] + [AB] + 2[AAB]) = 0, \qquad \frac{d}{dt}([AB] + [AAB]) = 0$$

で表すことができる。

分子の修飾が線形でない場合には，結合体の構造によって定まる反応活性をもつ分子数に応じて，定数倍を補正すればよい。

2.4 数理モデルの構築

質量作用の法則によって，2.1 節の反応ネットワークとその上の連立方程式系を構築する。最初に単体 a, b, c の結合則から，2 量体 ab, bc, cc，3 量体 abc, bcc，4 量体 $abcc$, $bccb$，5 量体 $abccb$，6 量体 $abccba$ までが合成され，それ以降の複合体はできないことがわかる。

簡単のため，

$$
\begin{aligned}
&[a] = X_1, \quad [b] = X_2, \quad [c] = X_3, \quad [ab] = X_4, \\
&[bc] = X_5, \quad [cc] = X_6, \quad [abc] = X_7, \quad [bcc] = X_8, \\
&[abcc] = X_9, \quad [bccb] = X_{10}, \quad [abccb] = X_{11}, \quad [abccba] = X_{12}
\end{aligned}
$$

とおく。$X_i = X_i(t)$, $i = 1, \cdots, 12$ は時間の関数であり，MMP2 活性化の指標となる着眼物質 $abcc$ の濃度が X_9 である。b の初期値 b_0 と $abcc$ の平衡値 $abcc_\infty$ をプロットしたものが検証すべき閾値曲線 b_0–$abcc_\infty$ で，$b_0 = X_2(0)$, $abcc_\infty = X_9(\infty)$ によって求めることができる。

上記の 9 種類の結合体が形成される経路 (パスウェイ) は 19 本あり，かなり複雑である。しかし修飾分子の反応速度に関する仮定から，この 19 本は a–b, b–c, c–c の結合と解離の 3 種類に分類される。すなわち素過程としては

$$
\begin{aligned}
&a + b \to ab \ (k_1), \quad ab \to a + b \ (\ell_1), \\
&b + c \to bc \ (k_2), \quad bc \to b + c \ (\ell_2), \\
&c + c \to cc \ (k_3), \quad cc \to c + c \ (\ell_3)
\end{aligned}
\tag{II.56}
$$

の 3 つである。そこで質量作用の法則を適用すると 12 連立の方程式系が得られる。[6)]

反応定数については，論文や公開されているデータベース等の広範な文献を調べることで実験値のばらつきを緩和する。シミュレーションでは

$$
k_1 = 2.1 \times 10^7, \quad k_2 = 2.74 \times 10^6, \quad k_3 = 2.0 \times 10^6 \quad [\mathrm{M}^{-1}\mathrm{s}^{-1}]
$$

6) Kawasaki, S. *et al.*, Comp. Math. Mech. Medicine 2017 (2017) 1-15

$$\ell_1 = 0, \quad \ell_2 = 2.0 \times 10^{-4}, \quad \ell_3 = 1.0 \times 10^{-2} \qquad [\mathrm{s}^{-1}]$$

を用いた。$\ell_1 = 0$ は大きな特徴であるが，記号 $k_1, k_2, k_3, \ell_1, \ell_2, \ell_3$ をそのまま使用して記述を統一する。

初期値については実験データを参考に

$$X_1(0) = 10^{-6}, \quad X_2(0) = 0.5 \sim 1 \times 10^{-6}, \quad X_3(0) = 10^{-6} \quad [\mathrm{M}] \qquad (\text{Ⅱ}.57)$$

とする。もちろん $X_i(0) = 0, i = 4, \cdots, 12$ である。

数値シミュレーションは標準的なツールを用いれば問題なくできる。この場合，想定していなかったり実験では測定できなかったようなものも含め，すべての複合体の発現量の時系列変化が実測値と実時間で再現される。$X_2(0)$ を変動させ，$X_9(\infty)$ を計算して $X_2(0)$–$X_9(\infty)$ 曲線をプロットするとピークが出現することを確認することができる。一方，数値シミュレーションとは別に，解を初等関数で表示することもできる。

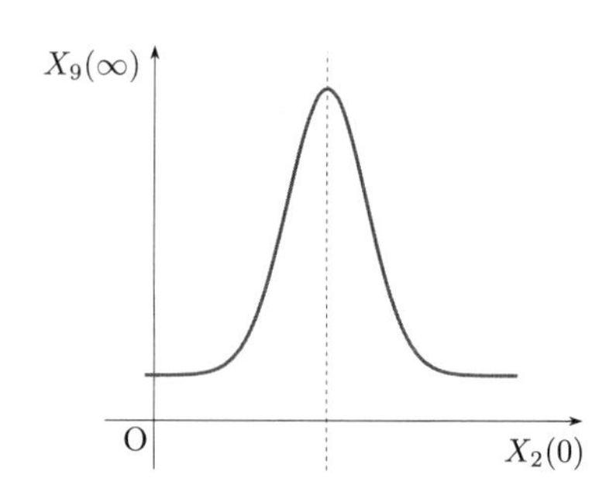

図 Ⅱ.13 $X_2(0)$–$X_9(\infty)$ 曲線

2.5 反応系のグルーピング

以下では，解を表示する手順を，a が存在しない，簡略化した系で説明する。この場合，反応としては b, c の結合解離と c と c の結合解離で，これらの反応速度定数はそれぞれ $(k_2, \ell_2), (k_3, \ell_3)$ である。

生成される結合体は $b, c, bc, cc, bcc, bccb$ の 6 種類で，これらの濃度を

$$[b] = X_2, \quad [c] = X_3, \quad [bc] = X_5, \quad [cc] = X_6, \quad [bcc] = X_8, \quad [bccb] = X_{10}$$

とする。発生するパスは

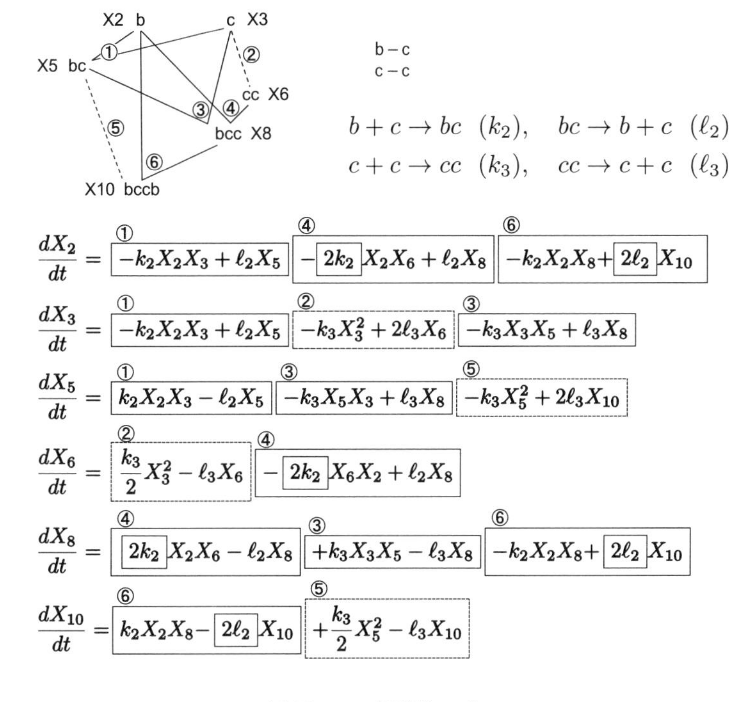

図 II.14 簡略化モデル

$$X_2 + X_3 \leftrightarrow X_5, \quad X_3 + X_3 \leftrightarrow X_6, \quad X_3 + X_5 \leftrightarrow X_8,$$
$$X_2 + X_6 \leftrightarrow X_8, \quad X_5 + X_5 \leftrightarrow X_{10}, \quad X_2 + X_8 \leftrightarrow X_{10} \quad (\text{II}.58)$$

の 6 本である。重合や修飾分子の反応速度に関する規則に注意し，すべての反応パスを統合すると次の連立方程式が得られる。(図 II.14)

$$\frac{dX_2}{dt} = -k_2X_2X_3 + \ell_2X_5 - 2k_2X_2X_6 + \ell_2X_8 - k_2X_2X_8 + 2\ell_2X_{10},$$
$$\frac{dX_3}{dt} = -k_2X_2X_3 + \ell_2X_5 - k_3X_3^2 + 2\ell_3X_6 - k_3X_3X_5 + \ell_3X_8,$$
$$\frac{dX_5}{dt} = k_2X_2X_3 - \ell_2X_5 - k_3X_5X_3 + \ell_3X_8 - k_3X_5^2 + 2\ell_3X_{10},$$
$$\frac{dX_6}{dt} = \frac{k_3}{2}X_3^2 - \ell_3X_6 - 2k_2X_6X_2 + \ell_2X_8,$$
$$\frac{dX_8}{dt} = 2k_2X_2X_6 - \ell_2X_8 + k_3X_3X_5 - \ell_3X_8 - k_2X_2X_8 + 2\ell_2X_{10},$$

$$\frac{dX_{10}}{dt} = k_2 X_2 X_8 - 2\ell_2 X_{10} + \frac{k_3}{2} X_5^2 - \ell_3 X_{10} \tag{Ⅱ.59}$$

このモデルは，各分子の衝突機会を数え上げたうえで，質量作用の法則に従って各分子の時間変化を記述したものである。したがって，変数やパスは多いが発生している反応は

$$b + c \leftrightarrow bc, \qquad c + c \leftrightarrow cc$$

の 2 種類であり，6 本の反応パス (Ⅱ.58) はこの 2 本にグルーピングすることができる。各分子に含まれる b, c の数を考慮すると，このことは

$$X_2 + (X_3 + 2X_6 + X_8) \leftrightarrow X_5 + X_8 + 2X_{10},$$
$$(X_3 + X_5) + (X_3 + X_5) \leftrightarrow X_6 + X_8 + X_{10}$$

が成り立つことを意味する。

実際 (Ⅱ.59) から

$$\begin{aligned}
&\frac{d}{dt} X_2 = -k_2 X_2 (X_3 + 2X_6 + X_8) + \ell_2 (X_5 + X_8 + 2X_{10}),\\
&\frac{d}{dt}(X_3 + 2X_6 + X_8) = -k_2 X_2 (X_3 + 2X_6 + X_8) + \ell_2 (X_5 + X_8 + 2X_{10}),\\
&\frac{d}{dt}(X_5 + X_8 + 2X_{10}) = k_2 X_2 (X_3 + 2X_6 + X_8) - \ell_2 (X_5 + X_8 + 2X_{10})
\end{aligned} \tag{Ⅱ.60}$$

と

$$\begin{aligned}
&\frac{d}{dt}(X_3 + X_5) = -k_3 (X_3 + X_5)^2 + 2\ell_3 (X_6 + X_8 + X_{10}),\\
&\frac{d}{dt}(X_6 + X_8 + X_{10}) = \frac{k_3}{2}(X_3 + X_5)^2 - \ell_3 (X_6 + X_8 + X_{10})
\end{aligned} \tag{Ⅱ.61}$$

を導出することができ，グルーピングが成功していることがわかる。

2.6 積分の手順

(Ⅱ.60) や (Ⅱ.61) を素過程とみると，それらの構成要素は積分可能であり，初等関数で表示される。このことを

$$X_2 = \xi_2(t), \quad X_3 + 2X_6 + X_8 = \xi_{368}(t), \quad X_5 + X_8 + 2X_{10} = \xi_{5810}(t),$$
$$X_3 + X_5 = \xi_{35}(t), \quad X_6 + X_8 + X_{10} = \xi_{6810}(t)$$

と表す。この簡略モデルでは，未知変数は X_2, X_3, X_5, X_6, X_8, X_{10} の 6 個である一方，第 1 積分として得られているのも，これらの独立な線形和である $\xi_2(t)$, $\xi_{368}(t)$, $\xi_{5810}(t)$, $\xi_{35}(t)$, $\xi_{6810}(t)$ の 6 個であるので，この段階で 6 連立の線形方程式を解けば，6 個の未知量を，時間の変数として陽に表示することが可能になる。

MT1-MMP のモデルでも反応のグルーピングができる。この場合，反応は 3 つの素過程 (Ⅱ.56) であり，各素過程から 3 つの積分がでるので，全体で $3 \times 3 = 9$ 個の独立な第 1 積分が得られる。一方で未知変数は 12 であり，第 1 積分だけでは解の表示に至らない。実際，解の表示を完成するためにはもとのモデルにもどらなければならない。MT1-MMP についても同様であるので，簡略化した (Ⅱ.59) についてこのことを示しておく。

最初に $X_2 = \xi_2(t)$ は陽に表示されていることに注意する。このことを $X_2(t)$ と書く。次に (Ⅱ.59) 第 2 式を

$$\frac{dX_3}{dt} = -k_2 X_3 X_2(t) + \ell_2(\xi_{35}(t) - X_3) - k_3 X_3 \xi_{35}(t) + \ell_3(\xi_{368}(t) - X_3)$$

と変形する。この式は X_3 についての非斉次単独線形方程式で，係数は初等関数であるので定数変化法によって解を表示することができる。このことを $X_3(t)$ で表す。

そうすると第 3 式は

$$\frac{dX_5}{dt} = k_2 X_2(t) X_3(t) - \ell_2 X_5 - k_3 X_5 \xi_{35}(t) + \ell_3(\xi_{5810}(t) - X_5)$$

となり，同じ方法で $X_5(t)$ となる。以下，第 4, 5, 6 式を

$$\frac{dX_6}{dt} = -2k_2 X_2(t) X_6 + \ell_2(\xi_{368}(t) - X_3(t) - 2X_6) + \frac{k_3}{2} X_3(t)^2 - \ell_3 X_6,$$

$$\begin{aligned}\frac{dX_8}{dt} = {} & k_2 X_2(t)(2X_6(t) - X_8) + \ell_2(-X_8 + \xi_{5810}(t) - X_5(t) - X_8) \\ & + k_3 X_3(t) X_5(t) - \ell_3 X_8,\end{aligned}$$

$$\frac{dX_{10}}{dt} = k_2 X_2(t) X_8(t) - 2\ell_2 X_{10} + \frac{k_3}{2} X_5(t)^2 - \ell_3 X_{10}$$

として順次積分していけば，すべての成分を表示することができる。

3. 薬剤耐性とパラメータ同定

3.1 数理モデルと計測データ

第 1 節では，フィードバックループの非線形性によって，動的崩壊の行方が定まっていることを示した。そこでの生命科学は in vivo を舞台としていたが，第 2 節では，in vitro で研究される細胞分子の相互作用についても，数理モデリングが有効な手段であることを述べた。精密なデータに対応して数理腫瘍学も定量的な予測を求められる一方，そのデータは物理学や化学で計測されるものとは趣が異なっている。

本節は，さまざまな場面や方法によって測定される計測値が互いに無関係ではなく相関していることを，肺がんの特効薬に対する薬剤耐性を題材として解説する。

3.2 ゲフィチニブ

ゲフィチニブ (イレッサ) は EGFR 遺伝子変異を有する肺がんの特効薬で，末期の症状でも劇的に症例が回復するが，半年から 1 年半くらいの間に**薬剤耐性**がでて効力が失われてしまうことが知られている。一般に，受容体型チロシンキナーゼは細胞膜を貫通するたんぱく質で，上流の刺激を受けて複雑に相互作用し，内部に信号を発信する。このシグナルを止めるのが抗がん剤であり，薬剤耐性はその効力が失われることを意味する。

ゲフィチニブの薬剤耐性について，その 5～20 % は 3 種類の受容体型チロシンキナーゼである EGFR (a)，ERB-B3 (b)，c-Met (c) が細胞膜上で結合解離することがトリガーとなって，下流にシグナル伝達のメカニズムが発生するのが理由ではないかとされてきた。

受容体型チロシンキナーゼ a, b, c は膜上で 2 量体を形成するとリン酸化し，a がリン酸化した aa^* からは，直下の Akt や ERK を介した悪性因子増殖シグナルや生存シグナルが下流に発信される。悪性化シグナルが発生しているところでゲフィチニブを投与すると，aa^* は脱リン酸化して aa にもどり，薬効を現出する。しかし，c が重合してリン酸化した cc^* が，ab, bb をリン酸化して ab^*, bb^* を誘導するため，再び増殖シグナルおよび生存シグナルが発信されると考えられた。(図 Ⅱ.15)

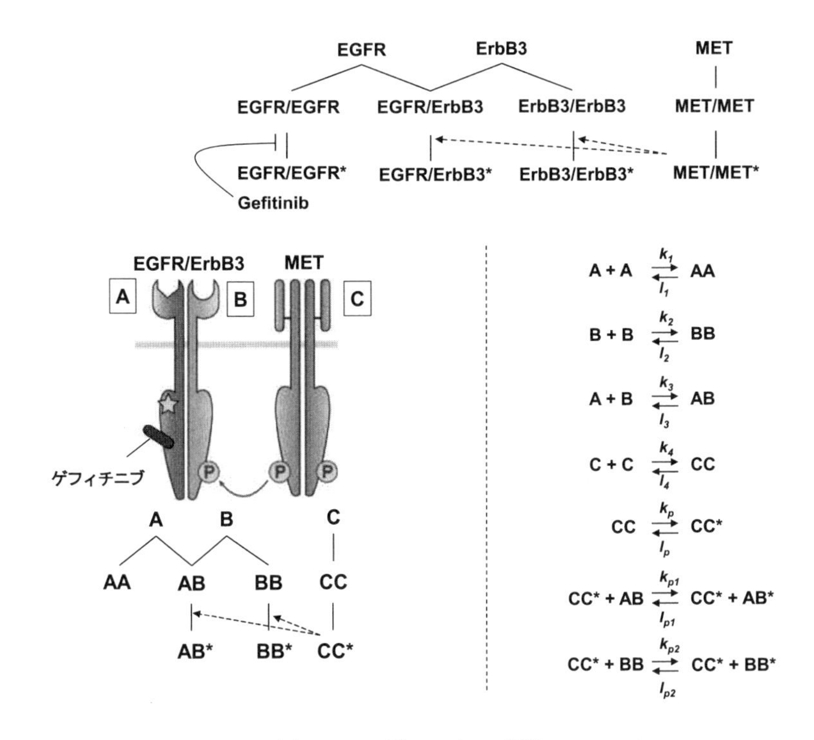

図 **II.15** ゲフィチニブ耐性

3.3 悪性化シグナルの発生

薬剤耐性は複雑な機構であり，多くの知見やデータが知られている一方で，精密な予測が困難な対象でもある。数理モデルを用いて，上記の機序が定性的だけでなく，定量的に問題ないかどうかを検証してみる。この出来事は薬効と耐性という 2 つのプロセスに分かれている。ここではリン酸化の回復により，悪性化シグナルが発生する機構について考察する。

この機構は a, b の結合解離と c の重合・脱重合，それにリン酸化が複合した反応である。a, b の結合解離はそれぞれの分子構造に由来するもので，結合部位も定まっている。すなわち a, b は結合手を 1 つずつもち，結果として，aa, ab, bb の 3 種類の 2 量体ができる。またこれとは独立に c も重合して cc をつくる。ゲフィチニブ投与下では aa はリン酸化できないが，cc はリン酸化して cc^* となる。すると cc^* が ab, bc をリン酸化して ab^*, bb^* とする。ab^* と bb^* から再び増殖シグナルと生存シグナルが発信されるのである。

上記の規則により，本イベントは単量体，2 量体，そのリン酸化によって 10 個の分子が関与する。それらの濃度を

$$X_1 = [a], \quad X_2 = [b], \quad X_3 = [c], \quad X_4 = [aa], \quad X_5 = [ab],$$
$$X_6 = [bb^*], \quad X_7 = [cc], \quad X_8 = [ab^*], \quad X_9 = [bb^*], \quad X_{10} = [cc^*]$$

とする。悪性化シグナルは X_8 と X_9 である。

以上で述べた結合解離則

$$a + a \leftrightarrow aa, \quad b + b \leftrightarrow bb, \quad a + b \leftrightarrow ab, \quad c + c \leftrightarrow cc$$

において，第 1, 第 2, 第 3, 第 4 式の左から右への反応速度定数をそれぞれ k_1, k_2, k_3, k_4，右から左への反応速度定数をそれぞれ ℓ_1, ℓ_2, ℓ_3, ℓ_4 とする。また，リン酸化・脱リン酸化反応

$$cc \leftrightarrow cc^*, \quad cc^* + ab \leftrightarrow cc^* + ab^*, \quad cc^* + bb \leftrightarrow cc^* + bb^*$$

において，第 1, 第 2, 第 3 式の左から右への反応速度定数をそれぞれ k_p, k_{p1}, k_{p2}，左から右への反応速度定数をそれぞれ ℓ_p, ℓ_{p1}, ℓ_{p2} とする。すると質量作用の法則により

$$\frac{dX_1}{dt} = -k_1 X_1^2 + 2\ell_1 X_4 - k_3 X_1 X_2 + \ell_3 X_5,$$
$$\frac{dX_2}{dt} = -k_2 X_2^2 + 2\ell_2 X_6 - k_3 X_1 X_2 + \ell_3 X_5,$$
$$\frac{dX_3}{dt} = -k_4 X_3^2 + 2\ell_4 X_7,$$
$$\frac{dX_4}{dt} = \frac{k_1}{2} X_1^2 - \ell_1 X_4,$$
$$\frac{dX_5}{dt} = k_3 X_1 X_2 - \ell_3 X_5 - k_{p1} X_5 X_{10} + \ell_{p1} X_8,$$
$$\frac{dX_6}{dt} = \frac{k_2}{2} X_2^2 - \ell_2 X_6 - k_{p2} X_6 X_{10} + \ell_{p2} X_9,$$
$$\frac{dX_7}{dt} = \frac{k_4}{2} X_3^2 - \ell_4 X_7 - k_p X_7 + \ell_p X_{10},$$
$$\frac{dX_8}{dt} = k_{p1} X_5 X_{10} - \ell_{p1} X_8,$$
$$\frac{dX_9}{dt} = k_{p1} X_6 X_{10} - \ell_{p2} X_9,$$

$$\frac{dX_{10}}{dt} = k_p X_7 - \ell_p X_{10}$$

が得られる。

結合解離は秒単位，リン酸化・脱リン酸化は分単位で起こるものとされている。このモデリングが適切にはたらくためには，パラメータが適正に設定されている必要がある。特に，リン酸化・脱リン酸化については実験値が知られていない。

3.4 パラメータ同定の数理的方法

(a) 最適化の手法

この節では，反応定数や初期値の決め方について述べる。最初に，システム生物学の基本ツールに標準的なパラメータが組み込まれているのでそれを活用する。次に，精密なシグナル伝達や遺伝子変異の解析では，広く文献を調べたり新たな実験が必要になることも多い。最後に，実験そのものが困難で，標準的なパラメータが入手できないときは，数理的な方法で推定する。

簡略なモデルであれば，網羅的にパラメータを動かして計測値と合わせるといった素朴な方法も適用できる。パラメータを 2 桁くらい動かして，それぞれの分子の発現量や時間変化がどのように変わるかということを調べることを**感度分析**という。鍵となる物質やパスを数理的に取り出すことができるので，感度分析は，未知の経路や分子を推定するうえで有効な方法である。

数理的なパラメータ推定では，計測値と整合するようにパラメータを選ぶので，網羅的な方法ではなく，最小二乗近似として問題を定式化することもできる。この場合，決定論的な方法としては最小勾配法が基本である。一方，**遺伝的アルゴリズム**は確率論的な方法で，標準的なアルゴリズムであればパラメータの初期集団からランダムに 2 つを選択して親とし，それぞれの親の近くに子を生成する。数値シミュレーションを試行して，計測値との当てはまりのよい親子の組を選んで初期集団にもどす。以後，与えられた終了条件に至るまでこのプロセスを繰り返す。

上で述べた決定論や確率論というのはアルゴリズムのことであり，パラメータ設定自身は，有限のパラメータを求めて有限の測定値と合致させるという**離散的最適化**問題である。離散的最適化問題はパラメータ (未知) 数 n と測定値 (既知) 数 m との関係によって，**過剰決定系**と**不足決定系**という，性格の異なる 2 つのタイプに分けられる。すなわち，測定値数がパラメータ数を上回る $n < m$ のときは過剰決定系，測定値数がパラメータ数を下回る $n > m$ のときが不足決定系である。二乗誤差を最小化するという最適化の手法で未知パラメータを定める場合，過剰決定系ではローカルミニマムが，不足決定系ではオーバーフィッティングが問題となる。

(b) 離散逆問題

原因から結果を導き出すのを**順問題**，結果から原因を推定するのを**逆問題**という。逆問題は解の一意存在やその安定性が成り立たないことが多く，このことを**非適切性**という。

未知量と既知量が有限である逆問題を**離散逆問題**とよぶ。離散逆問題では，モデルと観測方法によって定まる写像 $\varphi : \mathbf{R}^n \to \mathbf{R}^m$ があり，測定値は $z \in \mathbf{R}^m$ で表されている。n が未知数の数，m が測定値数である。したがって離散逆問題とは，$F \subset \mathbf{R}^n$ をパラメータ推定領域として

$$x \in F, \qquad \varphi(x) = z \tag{Ⅱ.62}$$

を解くことである。簡単のため以後 $F = \mathbf{R}^n$ とする。

φ が線形写像である場合は $m \times n$ 行列 $A = (a_{ij}) : \mathbf{R}^n \to \mathbf{R}^m$ によって $\varphi(x) = Ax$ と表される。(Ⅱ.62) は線形連立方程式

$$\begin{aligned} a_{11}x_1 + a_{12}x_2 + \ldots + a_{1n}x_n &= z_1, \\ a_{21}x_1 + a_{22}x_2 + \ldots + a_{2n}x_n &= z_2, \\ &\cdots \\ a_{m1}x_1 + a_{m2}x_2 + \ldots + a_{mn}x_n &= z_m \end{aligned}$$

であり，この問題の一般的な解の存在と一意性は，行列 A の階数 (ランク) が規定する。

$\varphi(x)$ が一般の非線形写像の場合でも未知量と既知量の関係は本質的であり，(Ⅱ.62) は $n < m$ のときは過剰決定系，$n > m$ のときは不足決定系となる。

(c) 過剰決定系

(Ⅱ.62) は厳密解を求める問題である。過剰決定系の場合には，パラメータの不足から通常は厳密解を求めることができないので，二乗誤差

$$\mathcal{J}(x) = \frac{1}{2} \left| \varphi(x) - z \right|^2_{\mathbf{R}^m} \tag{Ⅱ.63}$$

に対して

$$j = \inf_{\mathbf{R}^n} \mathcal{J}$$

とおき，最適化問題

$$x \in \mathbf{R}^n, \qquad \mathcal{J}(x) = j \tag{Ⅱ.64}$$

として定式化し直す。これが (a) で述べた**最小二乗近似**で，その解が**最小二乗解**である。

実際上は最小二乗解すらも近似的に得られるだけであり，通常は $\mathcal{J}$ の最小であるかどうかは不明で，極小であることがわかるくらいである。$\mathcal{J}$ の極小 x が存在する場合には，オイラー・ラグランジュ方程式を満たす。すなわち，任意の $y \in \mathbf{R}^n$ に対して

$$0 = \left.\frac{d}{ds}\mathcal{J}(x+sy)\right|_{s=0} = \langle \varphi'(x)y, \varphi(x) - z\rangle$$

であり，このことから

$$\varphi'(x)^*\varphi(x) = \varphi'(x)^* z \tag{Ⅱ.65}$$

が得られる。ただし $\langle\ ,\ \rangle$ は $\mathbf{R}^m$ の内積，$\varphi'(x)$ はベクトル値関数 $z = \varphi(x)$ の微分であり，$\varphi'(x)^*$ はその転値行列を表す。通常の記号でいうと，$J_\varphi(x_0)$ を変換 $z = \varphi(x)$ の $x = x_0$ でのヤコビ行列とするとき (^{T} は転置を表す)

$$J_\varphi(x_0)^{\mathrm{T}} = \varphi'(x_0)$$

である。

(Ⅱ.65) の解を**変分解**とよぶ。厳密解が存在すれば，それは最小二乗解であるとともに，変分解でもある。また，上記で述べたように，最小二乗解は変分解である。変分解や厳密解は $\mathcal{J}$ の極小であるとは限らない。$\mathcal{J}(x_0) \ll 1$ であるとき x_0 を**高精度**，また，対称行列 $T(x_0) \equiv \varphi'(x_0)^*\varphi'(x_0) : \mathbf{R}^n \to \mathbf{R}^n$ が正則であるとき，**ランク条件**が満たされるという。高精度で $T(x_0)$ が正定値となる変分解 x_0 は $\mathcal{J}$ の非退化極小点となり，特に，その近傍に $\mathcal{J}$ を極小とする点は存在しない[7]。このことを**局所擬似可同定**というが，これが**ローカルミニマム**であり，x_0 の遠くに真の解が存在する可能性を否定できないことを示している。(図 Ⅱ.16)

---

7)　鈴木 [4]。ランク条件のもとで，$\mathcal{J}(x_0) = O(r^2)$ であれば，x_0 の r–近傍で x_0 以外の極小点は存在しない。

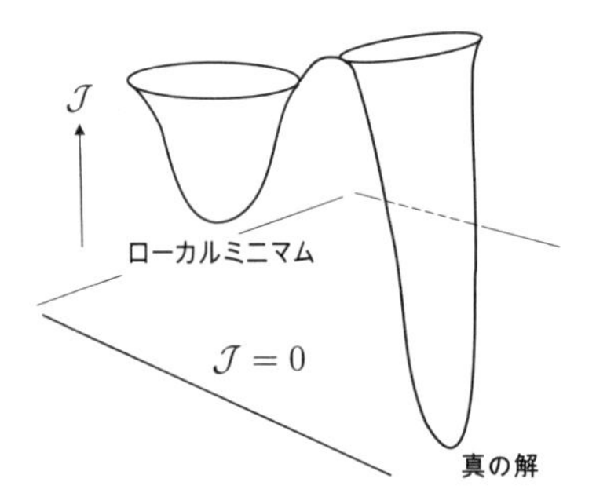

図 **Ⅱ.16**　過剰決定系

(d) 不足決定系

上記の過剰決定系と異なり，不足決定系においてはパラメータが十分あり，高精度の推定が容易である。一方，ランク条件は成り立たず，高々

$$\mathrm{rank}\,(\varphi'(x_0)^*\varphi'(x_0)) = m < n$$

が期待できる程度である。実際，不足決定系では厳密解の集合

$$\mathcal{M} = \{x \in \mathbf{R}^n \mid \varphi(x) = z\} \tag{Ⅱ.66}$$

はたいてい $(n-m)$ 次元の多様体であり，特に (Ⅱ.62) は解の一意性をもたない非適切な問題となる。(Ⅱ.66) の $\mathcal{M}$ を**擬解の多様体**とよぶ。

この場合，何らかのノルム d を導入して制約付変分問題

$$\inf_{\mathcal{M}} d \tag{Ⅱ.67}$$

を解くのが標準的である。φ が線形で d がベクトルの長さであるときは，この解は**ムーア・ペンロースの擬似逆元**であり，正則化による数値解法も有効である。この方法では，事前に与えた制約関数 d や価格関数 $\mathcal{J}$ で求める値を求めるので，もとの問題を過剰決定系に設定し直しているということができる。

このような操作をしない不足決定系では**オーバーフィッティング**という問題が発生する。上述のように，不足決定系では解の一意性が成り立たないどころか，測定値と一致するパラメータが擬解の多様体の元として連続的に存在している。ところが，実際に数値計算してみると反復列は収束したかのように動かなくなる。このような状態を**フリージング**とよび，不足決定系に対する最小二乗近似で広く現れる現象である。

(e) 平行最適化

平行最適化の理論は，このオーバーフィッティングが発生するメカニズムを解明したもので，フリージングの分析，そこから抜け出すメルティングの技法，フリージングを判定するフリージングゾーンの設定という，3 つの概念から成り立っている[8)]。

フリージングが起こる理由は次による。順問題写像 $\varphi : \mathbf{R}^n \to \mathbf{R}^m$ に対して (Ⅱ.63) で定義される誤差関数 $\mathcal{J}$ の値を減少させる反復列 $\{x_\ell\}$ は，不足決定系 $n > m$ の場合にはいずれ擬解の多様体 $\mathcal{M}$ に捕捉される。このとき $\mathcal{M}$ の次元は $n - m$ である一方，パラメータの次元は n である。この次元の相違によって，擬解は連続的に存在するにもかかわらずパラメータ空間のなかでは認識されない。すなわち，パラメータの摂動に対し反復列は確率 1 で $\mathcal{M}$ から離れ，精度は急速に失われる。このことから，反復列は真の解をみつけたわけではないのに動かなくなる。

反復列が精度を改善している状態を**アプローチング**という。精度の改善が行きづまり，反復列が動かなくなる状態がフリージングである。不足決定系の精度改善反復列は，擬解の多様体 $\mathcal{M}$ に行き着くことによりフリーズする。

反復列 $\{x_\ell\}$ に対して

$$\Delta x_{\ell+1} = x_{\ell+1} - x_\ell$$

を摂動量とすると，関係

$$\begin{aligned}\mathcal{J}(x_{\ell+1}) &= \mathcal{J}(x_\ell) + \mathcal{J}'(x_\ell)\left[\Delta x_{\ell+1}\right] + O\left(\left|\Delta x_{\ell+1}\right|^2\right) \\ &= \mathcal{J}(x_\ell) + \langle \varphi'(x_\ell)\Delta x_{\ell+1}, \varphi(x_\ell) - z\rangle + O\left(\left|\Delta x_{\ell+1}\right|^2\right),\end{aligned}$$

すなわち，

$$\begin{aligned}\Delta\mathcal{J}(x_\ell) &\equiv \mathcal{J}(x_{\ell+1}) - \mathcal{J}(x_\ell) \\ &= \langle \Delta x_{\ell+1}, \varphi'(x_\ell)^*(\varphi(x_\ell) - z)\rangle + O\left(\left|\Delta x_{\ell+1}\right|^2\right) \qquad (\text{Ⅱ}.68)\end{aligned}$$

が成立する。上の式からランダムな摂動 $\Delta x_{\ell+1}$ を $\mathrm{Ker}\ \varphi'(x_\ell)^\perp$ からとれば，精度は確率 1 で改善または改悪し，改悪する場合は符号を逆にすれば改善する。ただし，$\mathrm{Ker}\ T$ は行列 T の核 (カーネル)，$Y^\perp$ は部分空間 Y の直交補空間を表す。

---

8) Suzuki, T., J. Comp. Appl. Math. 183 (2005) 177-190

しかし，精度改善の度合いは

$$|\varphi(x_\ell) - z| = \sqrt{2}\mathcal{J}(x_\ell)^{1/2}$$

に比例して小さくなり，ついに

$$|\varphi'(x_\ell)^* [\varphi(x_\ell) - z]| \approx |\Delta x_{\ell+1}|_{\mathbf{R}^n},$$

あるいはより粗く

$$|\Delta x_{\ell+1}| \approx \|\varphi'(x_\ell)\| \cdot \mathcal{J}(x_\ell)^{1/2} \tag{Ⅱ.69}$$

くらいになると，(Ⅱ.68) の残余項である $(\Delta x_\ell)^2$ と，$\Delta\mathcal{J}(x_\ell)$ の主要項である

$$\langle \Delta x_{\ell+1}, \varphi'(x_\ell)^*(\varphi(x_\ell) - z)\rangle$$

が拮抗してフリージングが起こる。ただし $|\cdot|$ と $\|\cdot\|$ はそれぞれベクトルの長と行列のノルムを表す。

(Ⅱ.69) の右辺は計算可能な既知量で，摂動量 $|\Delta x_\ell|_{\mathbf{R}^n}$ と精度 $\mathcal{J}(x_\ell)$ が (Ⅱ.69) のような状態になったとき，x_ℓ は**フリージングゾーンに入った**という。(Ⅱ.69) からフリージングゾーンに漂着した反復列は，摂動量を小さくすれば精度をさらに改善する方向に動かすことができる。しかし (Ⅱ.68) より，

$$\Delta x_{\ell+1} \in \mathrm{Ker}\ \varphi'(x_\ell)$$

ととれば，摂動量や精度を変えないで反復列を別の方向に動かすことができることもわかる。

要請する精度 $\mathcal{J}(x_\ell)$ をあらかじめ定め，(Ⅱ.69) に従って一定の摂動量 $|\Delta x_{\ell+1}|$ を決め，反復列がフリージングゾーンに入ったときに上述の 2 番目の方法を選択することを**メルティング**という。フリージングゾーンでは

$$\mathcal{J}(x_\ell) \ll 1$$

であり，x_ℓ での $\mathcal{M}$ の接空間を

$$\mathcal{T}_{x_\ell}\mathcal{M} \approx \mathrm{Ker}\ \varphi'(x_\ell)$$

で置き換えることができる。したがってメルティングでは，摂動 Δx_ℓ を近似的に接空間 $\mathcal{T}_{x_\ell}\mathcal{M}$ からとっていると考えてもよい。

フリージングゾーンを判定基準として，アプローチングでは摂動を $\mathrm{Ker}\ \varphi'(x_\ell)^\perp$ からとり，メルティングでは摂動を $\mathrm{Ker}\ \varphi'(x_\ell)$ からとることにより，アプローチング・フリージング・メルティングをランダムな摂動のもとで一貫して行う

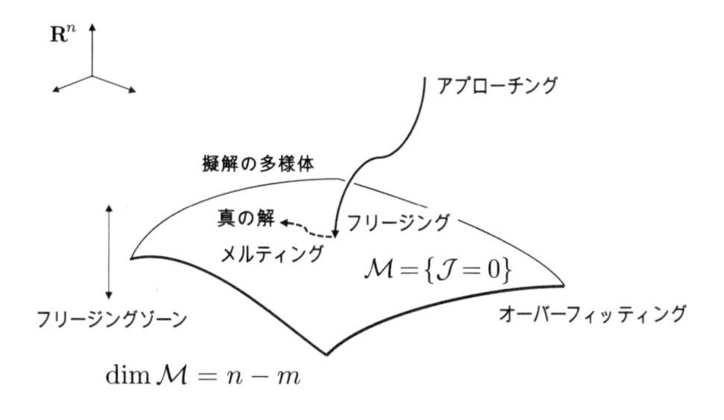

図 **II.17** 不足決定系

のが平行最適化である。上述の摂動は，行列 $\varphi'(x_\ell)$ の特異値分解を用いて実現する。そのうえで，問題の性質と目的に従ってメルティングの指針 (アルゴリズム) を与え，もっとも望ましい状態に反復列を誘導する[9)]。(図 II.17)

3.5 次 元 解 析

パラメータの同定について，数理的な方法を適用する場合の注意を述べてきた。以下では，膜分子 EGFR (a)，ERB-B3 (b)，c-Met (c) の相互作用によりゲフィチニブ耐性が発生するメカニズムにもどり，構築した数理モデルに次元解析を適用する方法を解説する。

数理モデルを用いて生命動態を精密に再現し，数値シミュレーションと生物学実験を融合して悪性化機構を解明するためには，時空間で現実世界を精密に再現した数値シミュレーションを実現することが必要である。以下で述べるのは，手持ちのパラメータを用いて反応係数や初期値を適切に設定し，シミュレーションを現実の計測値と合致させる**次元解析**の方法である。

a, b, c の 2 量体から発生する悪性化シグナルでは，結合・解離とリン酸化・脱リン酸化という 2 つの異なる反応系が並立し，数理モデリングでは前者を 2 次反応，後者を 1 次反応で記述した。実際の計測で前者は秒単位，後者は分単位で発生する出来事であり，計測値については b よりも a に多くのデータが蓄積されている。最初に a について考える。

9) 鈴木 [4]

3.6 単位系と時空の基本量

まず単位系を考える。結合・解離は秒のオーダーだが，リン酸化・脱リン酸化は分のオーダーであるので，時間については秒 (s) を採用する。次に c は膜タンパク質であるので，モル濃度については $\mathrm{mol/dm^2}$ を単位とし，これを D とおく。記号を簡略化するため一般的な素過程を考え，結合速度定数を k，解離速度定数を ℓ とする。通常測定されているのは解離定数 ℓ と平衡定数 ℓ/k で，これにより 2 つの定数 k, ℓ が入手できる。オーダーと単位だけをみると $\ell = 1\,[/\mathrm{s}]$, $k = 10^{11}\,[/\mathrm{Ds}]$ 程度である。

初期濃度を決めるために細胞の全表面積を求める。細胞の差し渡しを $10\,\mu\mathrm{m}$ とし，また生命科学の知見に従って a については細胞膜上で特別な役割を果たすドメイン (ラフト) は存在しないものとする。一方，1 細胞に存在する分子数の計測方法では指標となる分子を使った技術が進展しているのでその値を用い，a については 50,000 個とする。この 2 つの数値から，a の初期濃度はオーダーで 10^{-12} [D] と見積もった。この値は，2.3 節 (b) のシミュレーションで用いたものとも一致する。

3.7 計測値の分析

次元解析を用いると，これらの数値がモデルに適合するかどうかを見積もることができるので，これまで述べてきたことを例としてこの方策を述べる。

最初にモデルの第 1 式，左辺と右辺の第 1 項に着目し，$X_1 = 10^{-12}\,[\mathrm{D}]$, $t = 1\,[\mathrm{s}]$ として比較すると $k_1 = 10^{12}\,[/\mathrm{Ds}]$ となる。X_1 を求めたときの丸め誤差まで考慮に入れると，この値は $10^{11}\,[/\mathrm{Ds}]$ のオーダーであり，実測値と一致する。

リン酸化・脱リン酸化反応についても同様である。仮に細胞 1 個当たりの b の個数が a の個数と同じであるとして，反応係数のオーダーを次元解析で決定し，計測値が得られているものと比較した数値シミュレーションでは，秒単位での結合解離，分単位でのリン酸化・脱リン酸化が実現される。

本節で述べてきたように，素過程を積み上げて構成した反応ネットワーク数理モデルでは，反応時間とモル濃度の 2 つから次元解析によって反応係数が定まってしまう。逆にいうと，この値が実測値のオーダーであれば考えている出来事がすべて適合し，適切に設定された生命科学理論であるということもできる。

実際，新規実験技術を用いて ERB-B3 (b) の個数についての実測値がわかるようになると，この値が上述の次元解析で定めたものより 2 桁少ないことが判明した。その知見に基づいて数値シミュレーションを行った結果，ゲフィチニブ薬剤耐性についての本メカニズムでは，c-Met から直接のシグナルが発生しているのではないかと予測され，阻害剤を用いた実験により実証されている[10)]。

3.8 まとめ—パラメータの推定と検証

シグナル伝達で重要な役割をもつリン酸化やユビキチン化は分子の分化として粗視化し，1 次反応で記述することも多いが，その反応は結合解離に比べて遅く，測定値も乏しい。一般に，反応係数や初期濃度については文献値を適用するが， そうでない場合には新たに実験を組むことになる。

しかし，系全体 (例えば細胞膜上) の関連分子の分子数や細胞の平均的な大きさから算出されるモル濃度や，その初期値と平衡値との差分，またイベントの時間スケールなどはよく知られていることが多い。これらの数値は最大反応速度や平衡定数など，既知のデータと関連しているので，モデルにもどってこれらの量を比較していくと，結果的に未知の反応係数のオーダーが定まってくる。

生命科学の研究ではすべての出来事やその関連が精密に測定されているわけではないが，計測値は互いに数理モデルを通して連関する。次元解析は，生命科学の仮説をたてれば，細胞分子相互作用の反応速度定数のオーダーは，他のデータの影響を受けることを明らかにしているのである。

10) Ito, T. *et al.*, Biochemical and Biophysical Research Communications 511-3 (2019) 544-550

数理腫瘍学の方法

数理腫瘍学は広範な領域を数理的方法によって統合する研究分野であり，生物学実験からコンピュータグラフィックスまで，さまざまな側面をもつ。

細胞内ではシグナル伝達経路が複雑に絡み合い，そのバランスが壊れることで免疫系の異常やがんをはじめとする疾患が発生する。数式を用いた細胞内シグナル伝達経路の解明は，数理腫瘍学の主要な研究対象の一つである。現在では，シグナル伝達係数のデータベース[1)]がウェブ上に収納されて容易に検索できるようになり，数値シミュレーションに特化したソフトを駆使した医学研究も進められている。

DNA の遺伝子情報は，核内で mRNA に転写されたあと，核外に出た mRNA を鋳型とする翻訳によってたんぱく質が合成されて伝達される。転写や翻訳の過程は，多種類の分子が関与し，たんぱく質翻訳後のリン酸化・ユビキチン化等の修飾，分子構造変化による複合体形成や局在化を通して，遺伝子発現・代謝変化・細胞運動能等の細胞応答にフィードバックする。NF-κB は，炎症，細胞の増殖・分化，アポトーシスなどの機能にかかわる転写制御因子である。ストレス応答など，細胞外シグナルは腫瘍細胞壊死因子 TNα に集積し，その刺激によって NF-κB シグナル伝達経路が活性化する。

血管新生の方向を決める細胞の極性も，細胞内シグナル伝達によるストレス応答反応である。主要成長予測は現在から過去を知ること，生体の揺らぎは先験的ではなく適合的なシミュレーションで実現でき，さまざまな刺激に対する層別的な生体反応は，細胞内シグナル伝達経路，とりわけクロストークとフィードバックの強弱で説明することができる。

---

1) COPASI など。

本章では数式を用いた基礎医学研究として，核内移行と転写・翻訳によるストレス応答シグナルの減衰振動，走化性パラドクスの解消，腫瘍成長予測，血管新生数理モデリング，シグナル伝達経路クロストークについて解説する。

1. 減衰振動の再現性

1.1 シグナル伝達

腫瘍悪性化・免疫反応・ストレス応答など，細胞は環境に対してさまざまな応答をしている。リガンドがレセプターに捕捉されると細胞内にシグナルが発生して下流の分子が活性化する。続いて核内・核外移行を通して遺伝子の転写・翻訳が制御され，増殖・細胞変形・細胞死を誘発すると同時に，細胞膜分子間の相互作用・シグナル経路のフィードバック・クロストークなど複雑な現象が発生する。コンピュータ上に格納されたシステム生物学の膨大な知見は，その解明に役に立つ。

シグナル伝達は外的刺激をトリガーとし，細胞内を舞台とした時空での壮大な出来事である一方，ストレス応答の減衰振動のように，比較的簡明な現象に縮約されることも多い。

1.2 ストレス応答のフィードバック

転写制御因子 **NF-κB** は p50 サブユニットと RelA サブユニットからなるヘテロ二量体である。サイトカイン，増殖因子，RNA・DNA 損傷，紫外線・ガンマ線などの細胞外刺激に応答して，NF-κB とその下流の NF-κB 経路がはたらきはじめる。すると，炎症性サイトカイン・ケモカインが生成されて細胞周期の促進や細胞死の抑制が誘導され，成長因子・分化因子の活性化を促して炎症・自然免疫・獲得免疫をもたらす。

NF-κB 経路には，古典経路と非古典経路という 2 つの経路があることが知られている。古典的経路については，TNFα によってヒトやマウスの細胞を刺激した際の NF-κB 挙動が研究されてきた。また数理モデルによって，刺激応答に対する NF-κB の長時間にわたる減衰振動も再現されている[2)]。

---

2) Hoffmann, A. *et al.*, Science 298 (2002) 1241

その機序は次のとおりである。まず NF-κB は，腫瘍細胞壊死因子 TNFα から刺激を受けていない通常の状態では，その阻害因子である IκBα と結合した状態で細胞質に存在している。TNFα 刺激によって活性化された IKKβ (IκB キナーゼ β) は IκBα のリン酸化とそれに続くユビキチン化を誘導し，IκBα はプロテアソームで分解される。自由になった NF-κB は核内へ移行し，標的遺伝子の転写を導く。 IκBα もその標的の一つである。転写された IκBα の mRNA である iκB は細胞質へ移行し，IκBα たんぱく質が翻訳される。一方，細胞質に存在する IκBα は核内へ移行し，NF-κB と結合することで転写を抑制するとともに NF-κB と複合体を形成し細胞質へ移行する。

以上のように，NF-κB 古典経路は全体として負のフィードバックループを形成している。

1.3 減 衰 振 動

観測によって TNFα 刺激が一時的であった場合，NF-κB の核内への移行は一過的であるが，TNFα による持続的な刺激が与えられた場合には NF-κB の発現量が長時間にわたって減衰振動することが知られている。これは持続的刺激によって IKKβ の活性化が維持され，細胞質にもどった IκBα-NF-κB 複合体が再び活性化 IKKβ の標的となり，上記の過程が繰り返し起こるためである。

実験データによると，刺激後数分で核内に NF-κB が確認され，約 30 分後に最高濃度，約 60 分で最低濃度をとり，その後は約 90 分〜120 分周期で核–細胞質振動する[3)]。このような適切な振動が遺伝子発現を促進し，効率的なストレス応答をもたらすものと考えられているが，実際に数理モデルは減衰振動を再現している[4)]。

1.4 コンパートメント

分子間の相互作用が空間的に一様でないと考えられる場合，空間を部屋 (コンパートメント) に分割し各々で常微分方程式系を解く一方，コンパートメント間の分子の移動規則を導入したモデリングを行う。これが**コンパートメントモデリング**である。

3) Nelson, D. *et al.*, Science 306 (2004) 704
4) その成果はシステム生物学の教科書にも取り上げられている。江口 [2]。

細胞膜分子相互作用によって発生する悪性化シグナルは，分子のリン酸化カスケードで伝達され，核内移行によって遺伝子の転写・翻訳を誘導してフィードバックされる。この経緯は空間的な分布に由来しているが，出来事の時空スケールを考慮して，偏微分方程式よりもコンパートメント系に縮約して解析することが多い。[5)]

移動規則が等方的でコンパートメントが微小である場合は，その数を無限大とした平均場極限で偏微分方程式となり，反応拡散系が現出する。したがって，偏微分方程式の立場からは，コンパートメント系は反応拡散方程式系の離散化スキームの一つと解釈されるが，以下では細胞質と核という 2 つのコンパートメントで数理モデルを構築する。

1.5 ホフマンモデル

NF-κB の標準経路を数式で書く。最初に文字を使い，何に着目するかを明確にする。

まず TNFα は IKKβ のみに影響を与えるので，黒子として舞台の外におく。また影のように寄り添い，フィードバックループというメインイベントに参加しない人物やエピソードもわきにおく。そうすると，主な登場人物は IκBα (a)，NF-κB (b)，IKKβ (d) の 3 つであり，今回描くのは，この三者が出会うことによって引き起こされる出来事が減衰振動というドラマである。これらの登場人物はどういった役割をするのであろうか。

主役は b である。b は核内における a の転写を促進する転写因子である。したがって a は転写因子を阻害する阻害因子であり，d はその阻害因子の分解を誘導する酵素である。

a, b, d のあいだで繰り広げられる出来事はこれらの分子の結合解離であり，質量作用の法則で記述することができる。数式としては 2 次反応であり，第 II 章で述べたように，手が何本もあったり，重合したりする場合にはより慎重にモデリングする必要がある。この機序は登場人物の分子構造によって定まるが，上述のシナリオから，この場合は (a, b) と (a, d) の単純な結合解離 (素過程) で

5) 第 II 章の 2 節でがん悪性化の鍵膜分子である MT1-MMP にかかわる分子間相互作用のモデリングを述べたが，MT1-MMP が細胞膜に補給される機序は，膜上での拡散 (側方拡散) がキーポイントとなっている。そこで，側方拡散を細胞膜上に設置したコンパートメント間の移動として設定した。(前掲論文 Hoshino, D. *et al.* (2012))

あり，複合体生成のネットワークとその全パスウェイは比較的簡単な系になる。

これらの結合解離は細胞質で行われているものであるが，a と b は核内に移行し同じ素過程を営む。したがって舞台は細胞質と核の 2 つであり，この間を a, b が移動する。この輸送現象の舞台である細胞質と核を，1.4 節で述べたコンパートメントでモデリングする。a, b は 2 つのコンパートメントを移動し，それぞれのコンパートメントで異なる値をとるものとする。

ところで核内では a–遺伝子の転写が行われている。a の mRNA は核膜を自由に移動し，a を翻訳する。したがって，登場人物をもう一人増やさなければならない。これが IκBα (a) の mRNA (c) (iκB) である。(図 III.1)

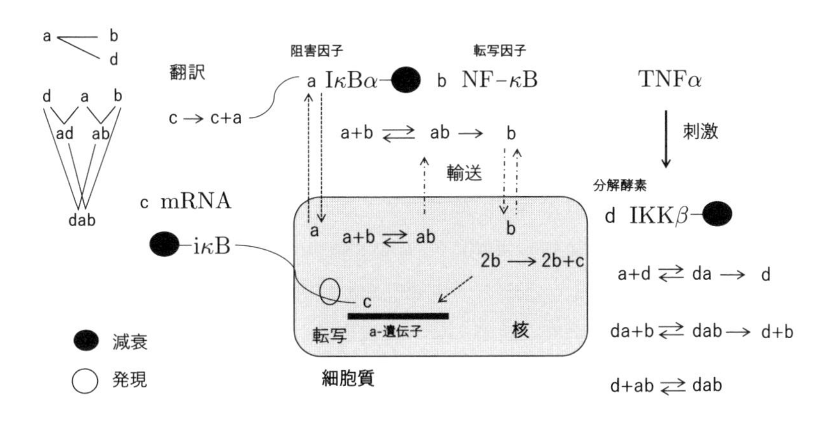

図 III.1 ホフマンモデル

1.6 数値シミュレーションの実行

ようやく閉じた体系ができた。登場人物は a (阻害因子)，b (転写因子)，c (メッセンジャー)，d (分解誘導酵素) であり，舞台は細胞質と核，出来事は結合解離，輸送，転写翻訳である。これでモデルはできるが，シミュレーションに進むためには反応定数・輸送速度といったパラメータと，初期濃度を知る必要がある。その手順を復習しておこう。

まず標準的な値がよく知られ，データベースとして公開されているものや，文献データとして入手できるものがある。未知のデータについては，現在の技術によって測定できるのであれば。新たに入手する。データの性質上計測が困難なものについては既知のものを定めておいてから，最小二乗推定や遺伝的アルゴリズムなどの数理的な手法によってパラメータを推定する[6]。不足決定系にならないように良質なデータをできるだけ多く集めるとともに，感度分析も行う。その一方で，反応の標準的な時間，細胞の大きさや分子数から決まる分子モル濃度など，一見パラメータとは直接関係がないように思われるデータも，数理モデルを通して関連しているので，次元解析を適用して未知パラメータのオーダーを決めるとともに，モデルが適切であるかどうかを吟味する。

後のことを考え，数値シミュレーションを実行するにあたっては，汎用性のある基本的なソフトを使用する。数値シミュレーションによって得られるデータは，詳細に測定することが不可能な，すべての複合体の実時間での時系列データである。したがってこの手順は，実験による知見を法則化し，演繹的にモデルを作り出して現象を再現するもので，基礎医学に数理モデリングという新しいツールをつけ加えたものということができる。実験で計測値を取得することに比べれば，数式やパラメータを変更して数値シミュレーションをすることが簡単であることも都合がよい。実験データと合わない数値シミュレーション結果を説明することをめざし，未知の経路を予測して遺伝子操作で証明したり，パラメータや発現量の変更によって生命動態の原理を解明したり，阻害剤などの制御法を評価したりする手法が実験系研究室に広がっているのである。

ホフマンによる古典経路モデルについては，数値シミュレーションで確かに NF-κB 発現量の減衰振動が観察され，すべてが落着したように考えられていた。しかし実験室からは新たに NF-κB のリン酸化が核内移行と転写活性を強化しているという知見が提示され，著者の研究室と共同してモデルの再吟味と変更に取り組むことになったのである。

1.7 ホップ分岐

ホフマンモデルは 10 変数程度の非線形常微分方程式連立系で，そこで減衰振動が発生しているかどうかは，モデルができてしまえば数学の問題である。数学の理論によって，数値シミュレーションで観察される定性的な性質を説明することはできるであろうか。

常微分方程式の解の時間変動を定性的に説明するのは前 II 章で述べた力学系

6) PyDREAM, BioMASS 等のソフトが公開されている。

理論であり，そこでもっとも基本的なものは平衡点とよんでいた定常解である。定常解には安定なものもあれば不安定なものもあり，渦状点・渦心点・結節点など安定性や不安定性もいくつかのパターンがある。

方程式の係数 (パラメータ) が変動すると定常解も変動する。常微分方程式系に拡散項を入れたものが**反応拡散系**である。もとの常微分方程式系の定常解は，反応拡散系でも空間的に均質な定常解とみなされる。反応拡散系においては，パラメータの変動により，空間的に均質な定常解から空間的なパターンをもつ定常解が分岐してくることがある。分岐する前は空間均質定常解 u_h が安定であったものが，分岐後に出現する空間非均質な定常解 u_{ih} に安定性が移動し，u_h が安定性を失うとき，u_{ih} を**チューリングパターン**という。(図 II.10 左上)

常微分方程式系において，定常解の次に基本的なものは周期解であり，これにも安定なものと不安定なものがある。ホップ分岐はパラメータの変動によって定常解から周期解が発生する機序で，空間均質な常微分方程式系の枠組みのなかでも起こりえる。定常解のまわりの線形化作用素が共役な複素固有値をもち，それがパラメータの変動とともに虚軸を横切ることが，ホップ分岐の契機である。通常はパラメータの変動とともに定常解を追跡するとき，安定渦状点が不安定渦状点に移行すれば**超臨界ホップ分岐**となり，安定周期解が生成される。一方，安定周期解と不安定定常解が共存し，パラメータの変動によって不安定定常解が安定化するときは**亜臨界ホップ分岐**となり，周期解のほうが不安定になる。(図 II.6, b, c)

不安定定常解や不安定周期解は力学系を遷移的に支配し，定常解や周期解の分岐は大域的力学構造の変化をもたらす。すなわち，一般に軌道が終局的に支配されるのは安定な定常解であり安定な周期解であるが，時間とともに遷移する動向は不安定な定常解や周期解が制御する。離散的な力学系の場合，3 周期軌道が一つあればすべての周期で周期軌道が出現し，一般軌道はこれらに振り回されて**カオス**が起こる[7)]。

1.8 リン酸化モデル

ホフマンモデルは反応係数に実測値を用い，減衰振動を定量的に再現した著名なものである。実験による振動周期が 90〜120 分程度であるのに対し，数値

7) Li, T., York, J., Amer. Math. Monthly 82 (1975) 985-992

シミュレーションでは 100 分程度の振動周期が再現されている。しかし，核内移行と NF-κB の関係がもうひとつ明確でない。実際，上記のモデルに単純にリン酸化のストーリーを加えてリモデリングし数値シミュレーションしても，減衰振動は再現できない。この現象を正しくリモデリングするためには，上記の減衰振動を成り立たせている数学的な背景が何であるかを見極めることが必要である。

実験室の要請に基づき，NF-κB (b) の核内移行と転写強化におけるリン酸化という要因を加える一方， IκBα (a) のプロテアソーム分解が IKKβ (d) による IκBα (a) のリン酸化によって誘導されるというモデルをたててみると，リン酸化・脱リン酸化の要因によって変数が増える一方，プロテアソーム分解はリン酸化が関与することにより簡略になった。

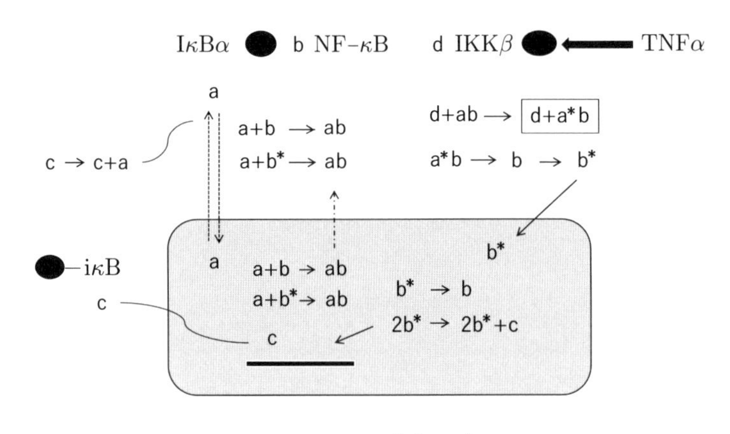

図 **Ⅲ.2** リン酸化モデル

これが以下のモデルで，未知変数は

$$X_1 = [a],\ X_2 = [b],\ X_3 = [d],\ X_4 = [ab],\ X_7 = [ai],\ X_8 = [bi],$$
$$X_9 = [c],\ x_{10} = [abi],\ X_{11} = [a^*b],\ X_{12} = [b^*],\ X_{13} = [b^*i] \quad (\text{Ⅲ}.1)$$

の 11 個である。(Ⅲ.1) において $*$ はリン酸化を表し，核内にいるものは i という名札を付けている。パラメータは，結合 (k) やリン酸化 (p) の反応速度定数とコンパートメント間の移動速度定数 (u, s)，産生と分解率 (e, d) である。ホフマンにならい，転写 (tr) を 2 次反応で記述しているが，シミュレーション上は 1 次反応としても大きな違いはない。

$$
\begin{aligned}
\frac{dX_1}{dt} &= -(s_1 + d_1)X_1 + u_1 X_7 + tr_1 X_9 - k_{1b} X_1 (X_2 + X_{12}), \\
\frac{dX_2}{dt} &= -p_1 X_2 + d_4 X_{11} - k_{1b} X_1 X_2, \\
\frac{dX_3}{dt} &= -d_2 X_3, \\
\frac{dX_4}{dt} &= u_4 X_{10} + k_{1b} X_1 (X_2 + X_{12}) - k_p X_3 X_4, \\
\frac{dX_7}{dt} &= s_1 X_1 - u_1 X_7 - k_{1b} X_7 (X_8 + X_{13}), \\
\frac{dX_8}{dt} &= p_2 X_{13} - k_{1b} X_7 X_8, \\
\frac{dX_9}{dt} &= e - d_3 X_9 + tr_2 X_{13}^2, \\
\frac{dX_{10}}{dt} &= -u_4 X_{10} + k_{1b} X_7 (X_8 + X_{13}), \\
\frac{dX_{11}}{dt} &= -d_4 X_{11} + k_p X_3 X_4, \\
\frac{dX_{12}}{dt} &= p_1 X_2 - s_2 X_{12} - k_{1b} X_1 X_{12}, \\
\frac{dX_{13}}{dt} &= s_2 X_{12} - p_2 X_{13} - k_{1b} X_1 X_{13}
\end{aligned}
\qquad (\text{Ⅲ}.2)
$$

1.9 遷移的な安定周期軌道

新しいモデル (Ⅲ.2) の数値シミュレーションでも減衰振動が再現され，一見すると以前のモデルの場合と何も変わらないように思われたが，このモデルにおいて X_3 は他の変数と独立で，ゆっくり減衰する外力項とみなすことができるため，d の濃度 X_3 を強制的に一定数とした縮約モデルを数値シミュレーションし，X_3 の値を徐々に変えたときに，他の変数の時間変化がどのようになっていくかを調べてみる。

すると，X_3 の変動とともに超臨界ホップ分岐が発生していることが読み取れ，計算機を使った分岐計算で確認することができる。実際，本モデルでは質量作用の法則のみを用いてモデリングしているため非線形項は 2 次の多項式となっているが，このような簡単な場合も含め，多数の変数をもった大きな系であっても数値的に定常解をすべて網羅し，パラメータを変動させてホップ分岐

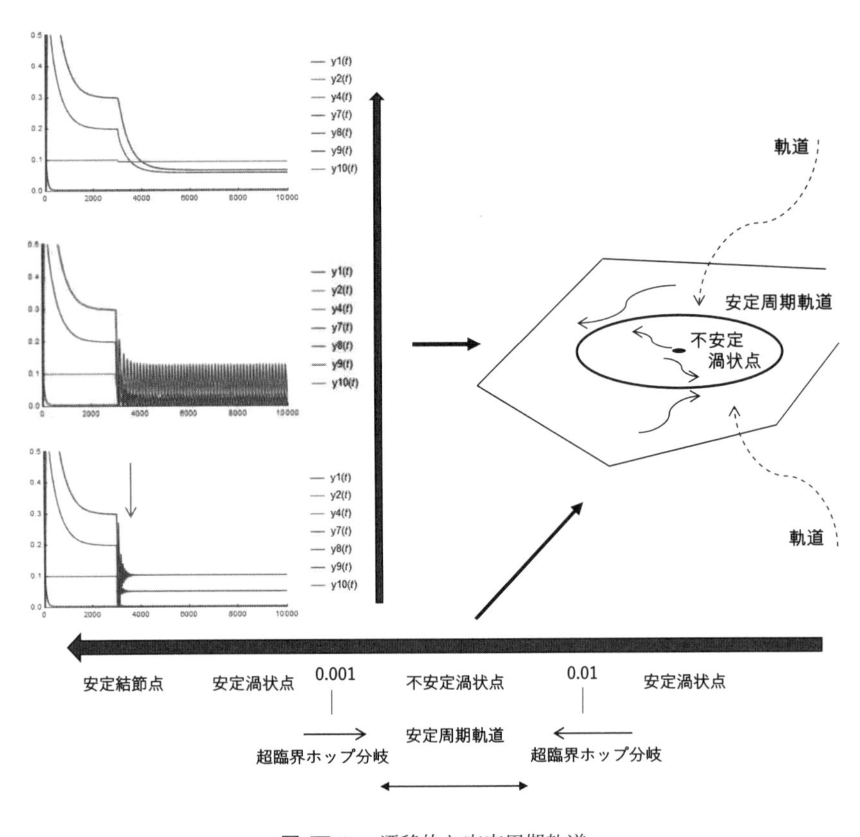

図 Ⅲ.3　遷移的な安定周期軌道

が起こることを数値的に確認することが可能となっている。

X_3 が時間とともに変化する (Ⅲ.2) でも定常解を数値的に分析し，ホップ分岐を調べてみると，安定定常解 (結節点) が出現し，安定周期解は存在しないものと判定される。すなわちこのモデルは，X_3 の時間変化とともに，安定周期解が遷移的に出現する仕組みをもっているのである。(図 Ⅲ.3)

一方，リン酸化が入らないホフマンモデルでは，同じ方法によって安定定常解 (結節点) と不安定周期解が併存することも結論づけられる。リン酸化がある経路での遷移的な安定周期解の出現と究極的な安定定常解の形成は，初期値によらない定められた減衰振動，すなわち再現性を確保するが，リン酸化のない経路での不安定周期解と安定定常解の存在は，その振幅や周期が初期値に大きく依存し，再現性のない減衰振動を誘導する。この知見に基づいて，初期値を大胆に変動させてホフマンモデルの数値シミュレーションを行った結果，減衰振動は再現性をもたないばかりか，カオティックなふるまいをすることすらあることも観察される[8)]。

こうして，生命は，NF-κB 古典経路にリン酸化を導入することによって，その発現減衰振動の再現性を手に入れたことが諒解されたのである。

2. パターン形成の由来

2.1 チューリングパラダイム

チューリングは分泌性形態形成誘因物質 (モルフォゲン) によって生物のパターン形成を説明しようとしたが，現代の精密な測定技術はノッチ・デルタによる細胞間直接シグナル伝達がその原因であることを見いだしている[9)]。モルフォゲンの存在はいまだ未知であるが，局所的強化と長距離的抑制がパターン形成の源泉であるというのがチューリングパラダイムの根幹であり，その卓越した洞察は動かない。

2.2 走化性パラドクス

細胞性粘菌の自己集合や血管新生における先端細胞の浸潤に，化学物質が関与していることは生物学の知見で明確になっている。これまで，**走化性**という性質は物質勾配に向かうものとされ，その勾配は，細胞の方向性 (極性) を誘導するものと考えられてきた。

偏微分方程式によって時空分布動態を記述するときに基本となるのは，勾配や流束で表される流れと，生命階層に由来するマルチスケールモデリングである。細胞性粘菌の自己集合を扱った**ケラー・シーゲルモデル**[10)]は，物質産生とその減衰，化学反応，拡散，走化性を取り込んだマルチスケールモデルで，その後の数学的な研究の動機を与えた。

8) Hatanaka, N. *et al.*, J. Theor. Biol. 462 (2019) 479-489
9) Watanabe, M., Kondo, S., Trends in Genetics 31 (2015) 88-96
10) Keller, E.F., Segel, L.A., J. Theor. Biol. 26 (1970) 399-415

しかし実際の粘菌の運動をみると，スパイラルに展開していく化学物質によるシグナルに対し，細胞は勾配が過ぎ去った後でもシグナルの発信源に向かって進んでいる。これは**走化性パラドクス**といわれる現象で，細胞はあたかも物質輸送速度を感知し，その逆の方向に動いているかのように見える。

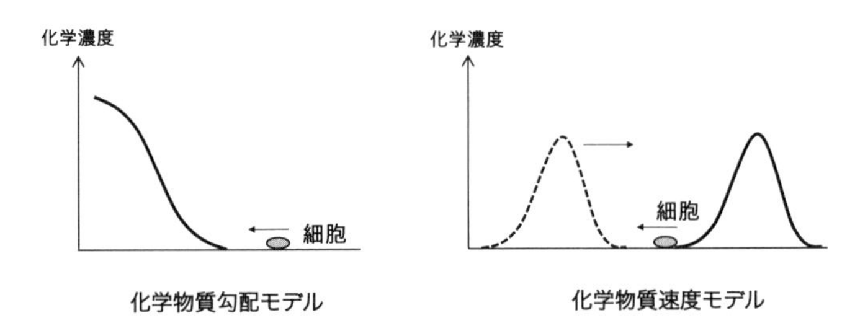

図 Ⅲ.4 走化性パラドクス (化学物質速度モデル)。シグナルが通り過ぎると細胞は勾配に向かわない。

一方，ウサギを使った実験で動脈パッチを静脈に移植すると，既存の毛細血管からパッチに向かう血管新生が発生することが報告されている。この場合，VEGF は毛細血管まわりにとどまっているが，どこかから輸送されてくるわけではなく，血管はむしろその勾配が時間減少する方向に誘導されるように伸長する。(図 Ⅲ.5) 動脈パッチを静脈に移植することで発生する血管新生は「もやもや病」との類似性によって着目されている。そこで得られたデータは，誘引物質である VEGF 勾配でも，VEGF の移動速度でも説明がつかない[11)]。

走化性について，誘引物質の勾配・速度・勾配変化の 3 つの要因を一度に説明するモデルは可能であろうか。そもそも細胞はどのようにして走化性を獲得するのであろうか。走化性は，誘引化学物質が細胞内のシグナル経路を攪乱することに由来する。最近，このことに注目し，活性化と抑制の効果が細胞上で異なる分布をもち，チューリングパラダイムに従う局所的強化と長距離的抑制によって，走化性パラドクスを説明できるとする走化性解消モデルが提唱されている[12)]。

動脈パッチ移植血管新生については，未知の誘引物質の存在を主張する考え方もあるが，以下では，上記の走化性パラドクス解消モデルにその現象を説明

11) Ito, Y. *et al.*, Scientific Reports 8 (2018) 3156
12) Nakajima, A. *et al.*, Nature Comm. 17 (2014) 5:5367

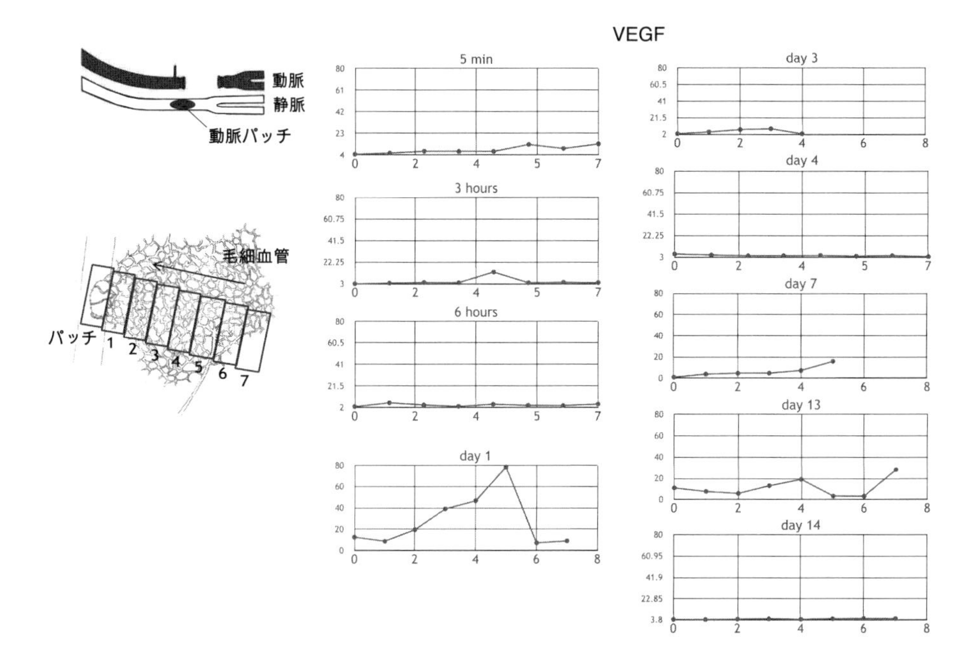

図 Ⅲ.5　走化性パラドクス (化学物質勾配減速モデル)。各地点での移植後の VEGF 実測値。

する項があり，その項を用いてシミュレーションを行うと，その血管伸張の状況が定量的に再現されることを紹介する。

2.3 LEGI モデル

細胞が物質勾配を認識するメカニズムとして，先頭部分 $x = \ell$ と末尾 $x = -\ell$ での物質濃度を感知するからであると考えがちであるが，細胞が極性をもち変形をはじめるのは Ras という分子を司令塔とするシグナル経路の活性化がかかわる。以下，チューリングパラダイムによって **LEGI モデル**で Ras 活性を記述する。

Ras は活性状態 R と不活性状態 $R^* = R_0 - R$ をもち，R と R^* は負のフィードバックに従って，$0 < R, R^* < R_0$ で推移する。この状態は $k_A, k_I > 0$, $K_A, K_I > 0$ を正定数として，**ミカエリス・メンテンの式**を連成した

$$\frac{dR}{dt} = AF(R) - IG(R),$$
$$F(R) = k_A \cdot \frac{R_0 - R}{R_0 - R + K_A},$$
$$G(R) = k_I \cdot \frac{R}{R + K_I} \tag{Ⅲ.3}$$

で表される。

一方，A, I は活性因子，抑制因子の濃度で，これらは自己減衰するとともにシグナル S によって増幅する。このことを簡略に $A = A(t) > 0, I = I(t) > 0$ とし，$k_a, k_i > 0, \gamma_a, \gamma_i > 0$ を定数として

$$\frac{dA}{dt} = k_a S - \gamma_a A, \qquad \frac{dI}{dt} = k_i S - \gamma_i I \tag{Ⅲ.4}$$

で表す。

2.4 QR 曲 線

モデル (Ⅲ.4) において，化学シグナル濃度 $S = S(x,t)$ は外力項であり，微分方程式系 (Ⅲ.3)–(Ⅲ.4) は自励系ではないが，(Ⅲ.3) の第 1 式を

$$H(R) = \frac{G(R)}{F(R)}$$

を用いて

$$\frac{dR}{dt} = F(R)I\left(\frac{A}{I} - H(R)\right)$$

と書き直すと，$Q = A/I$ に対して RQ 平面上の曲線

$$\Gamma : Q = H(R)$$

がセパラトリックス (分離線) の役割を果たすことがわかる。すなわち，Γ は $(0,0)$ を通り $R \uparrow +\infty$ で爆発するが，dR/dt は Γ の上部で正，下部で負となる。(図 Ⅲ.6 下)

パルス的なシグナル

$$S = \exp\left(-\frac{(t-a)^2}{c}\right)$$

を与えて (Ⅲ.3)–(Ⅲ.4) をシミュレーションし，対応する $R, Q = A/I$ を求め，RQ 平面でプロットして γ とする。(図 Ⅲ.6 上図右) すると γ は Γ の上部から Γ に絡みついて下部に至り，そのまま Γ に沿って原点に向かうことがわかる。

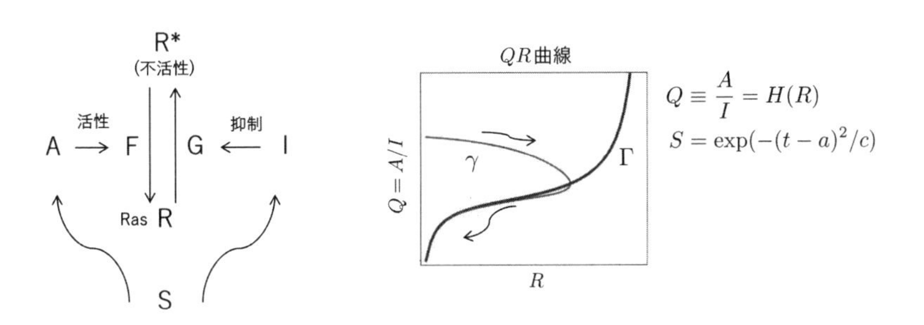

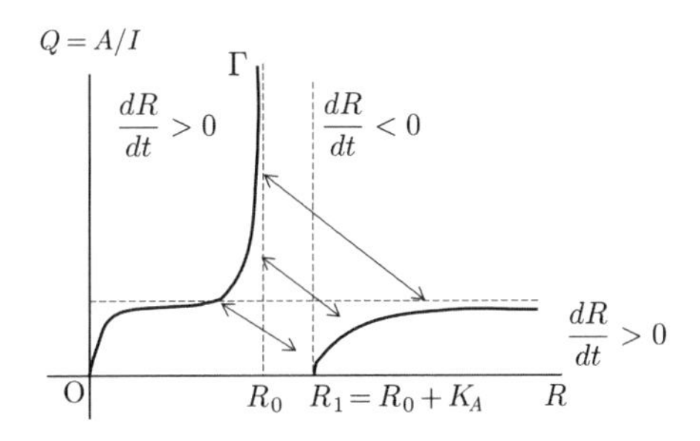

図 III.6　QR 曲線

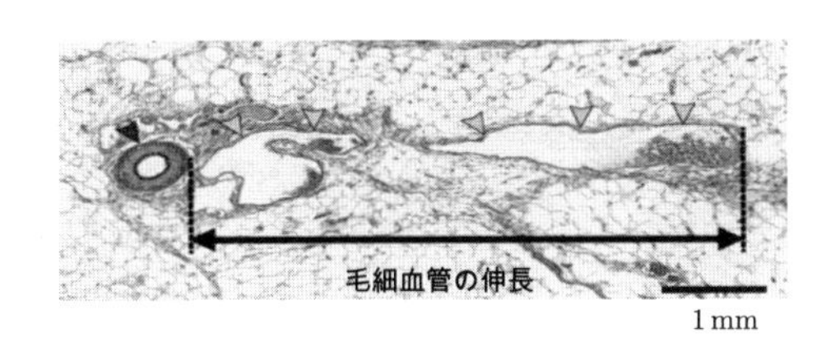

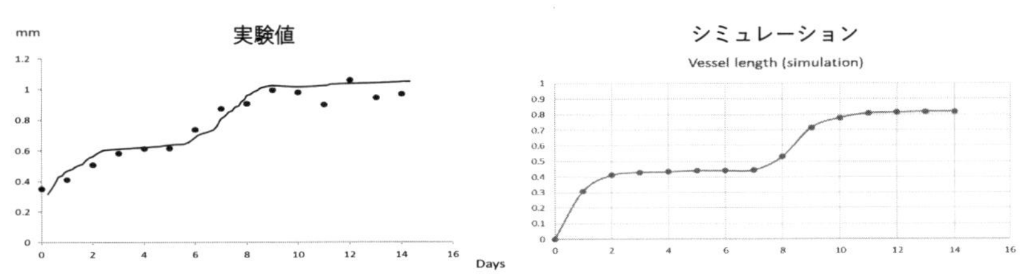

図 III.7　血管伸長実測値とシミュレーション

すなわち初期層を超えると $Q = A/I$ と R 活性が正に相関する。R と Q が初期層の負の相関を経て，正の相関に至る過程は，生命特有の「ためらい」を示しているようにも思われる。(図 Ⅲ.6，図 Ⅲ.7)

2.5 時間遅れの発生

2.4 節の定式化によって，$Q = A/I$ と S との関係が Ras 経路の活性，不活性を決めることになる。この状況をみるために，活性因子，不活性因子の速い減衰と，それに見合うシグナル感受性の鋭敏さを仮定する。式で表すと

$$\gamma_a, \gamma_i \gg 1, \qquad \frac{k_a}{\gamma_a}, \ \frac{k_i}{\gamma_i} \approx 1$$

であり，(Ⅲ.4) は $B = A, I,\ \ 0 < \varepsilon \ll 1,\ \ S = f$ についての微分方程式

$$\varepsilon \frac{dB}{dt} = f - B$$

に変形される。ここで $E(t) = B(t) - f(t - \varepsilon)$ は

$$g_\varepsilon(t) = \frac{1}{\varepsilon}(f(t) - f(t - \varepsilon)) - f'(t - \varepsilon) \tag{Ⅲ.5}$$

に対して

$$\frac{dE}{dt} = g_\varepsilon(t) - \frac{1}{\varepsilon}E$$

を満たすので，E の初期値を $E(0)$ とすれば

$$E(t) = e^{-\frac{t}{\varepsilon}}E(0) + \int_0^t e^{-\frac{t-s}{\varepsilon}} g_\varepsilon(s)\, ds \tag{Ⅲ.6}$$

が得られる。

(Ⅲ.5) より，t について局所一様に $g_\varepsilon(t) = o(1)$ であり，(Ⅲ.6) より

$$E(t) = e^{-\frac{t}{\varepsilon}}E(0) + o(1)\varepsilon(1 - e^{-\frac{t}{\varepsilon}})$$

が得られる。したがって $t > 0$ について局所一様に

$$E(t) \equiv B(t) - f(t - \varepsilon) = o(\varepsilon), \quad \varepsilon \downarrow 0 \tag{Ⅲ.7}$$

が成り立つ。

2.6 漸 近 解 析

チューリングパラダイムから，細胞の先端 $x = \ell$ と末尾 $x = -\ell$ で $Q = A/I$ がどのように検出されるかみてみよう。実際，このパラダイムに従えば活性因

子は局所化され，$x=\pm\ell$ において

$$A_{\pm}(t)=A(\pm\ell,t) \tag{Ⅲ.8}$$

で認識されるのに対し，抑制因子は非局所化されて

$$I(t)\equiv\frac{1}{2}(I(-\ell,t)+I(\ell,t)) \tag{Ⅲ.9}$$

として検出されることになる。

(Ⅲ.8), (Ⅲ.9) に対して (Ⅲ.7) を適用すれば

$$A_{\pm}(t)\sim\gamma_a^{-1}k_aS(\pm\ell,t-\gamma_a^{-1}),$$

$$I(t)\sim\frac{\gamma_i^{-1}k_i}{2}\left(S(\ell,t-\gamma_i^{-1})+S(-\ell,t-\gamma_i^{-1})\right)$$

であり，$(x,t)=(\pm\ell,t)$ におけるテイラー展開によって

$$\begin{aligned}Q_{\pm}(t)&\equiv\frac{A_{\pm}(t)}{I(t)}\\&\sim Q_0\left\{1+\frac{S_t(\pm\ell,t)}{S(\pm\ell,t)}(\gamma_i^{-1}-\gamma_a^{-1})\pm\ell\frac{S_x(\pm\ell,t)-\gamma_i^{-1}S_{xt}(\pm\ell,t)}{S(\pm\ell,t)}\right\}\end{aligned} \tag{Ⅲ.10}$$

が得られる。ただし

$$Q_0=\frac{\gamma_ik_a}{\gamma_ak_i}$$

である。

2.7 走化性の方向

Q と R が正の相関をする段階において細胞が向かうのは

$$Q_+>Q_-$$

の方向である。(Ⅲ.10) の右辺第 3 項をみると，S_x の符号が $x=\pm\ell$ で変わらないとすれば，この項の寄与は $S_x>0$，すなわち濃度勾配が高い方向に走化性が向くことを示している。同じように第 4 項をみると $S_{xt}<0$ が走化性の向きで，これは濃度勾配が時間とともに減少する方向であるので測定値と一致している。これらのことが両立している場合には，細胞の極性は

$$S(+\ell,t)>S(-\ell,t),\qquad S_t(+\ell,t)<S_t(-\ell,t) \tag{Ⅲ.11}$$

に従っていることになる。

第 2 項の寄与はシグナルの移動速度と関係している。実際，S の移動速度を v とすると，次節で述べるその物質微分が 0 となるので

$$S_t + vS_x = 0,$$

したがって

$$v = -\frac{S_t}{S_x}$$

が得られる。

極性が $v < 0$ の方向に向かうとすれば，$S_x > 0$ より $S_t > 0$ であり，(Ⅲ.11) より

$$\frac{S_t(\ell, t)}{S(\ell, t)} < \frac{S_t(-\ell, t)}{S(-\ell, t)}$$

が得られる。したがって $\gamma_i > \gamma_a$ の場合には，第 2 項も $Q_+ > Q_-$ に寄与する。

初期層が過ぎて落ち着けば，細胞は正の勾配，シグナルの移動方向の逆向き，勾配の減少方向という 3 つの要因の折り合いによって遊走をはじめる傾向があり，どの要因が主となるかは，シグナルの特性やパラメータに依存することになる。こうして走化性の 3 つの要因は，チューリングパラダイムによって同時に説明することができることになる。

実際，濃度勾配の時間変化のみを走化性の要因とし，後節に述べる先端細胞移動モデルをたて，計測データに従って S_{xt} を求め，走化性の駆動力ととして先端細胞のハイブリッドシミュレーションを行うと，新生血管の長さに関する実測値を再現する[13)]。(図 Ⅲ.7)

3. 腫瘍成長の予測

3.1 数理腫瘍学における数理モデリング

名医とよばれる人たちは，診断後の早い段階で，患者の将来の病態を見通す。現状を認識するとともに，過去を正しく診察することが有効にはたらいているのかもしれない。そうであるとすると，数理腫瘍学において，数理モデリングが診断という側面から臨床医学に果たす役割はそれに近いものである。

---

13) Minerva, D. *et al.*, preprint

時系列とともに，個々の細胞を点とみて組織レベルでその空間分布を記述することは，数理腫瘍学の臨床応用におけるもう一つの観点である。そこではコンパートメントやセルオートマトンを組み込んだ常微分方程式系が有用である場合も多いが，場の形成・輸送・質量バランス・力学バランスなど，偏微分方程式によって多くの法則を記述することも重要である。偏微分方程式を用いたモデリングではいくつか押さえておくポイントがあるが，勾配と流束で記述される「流れ」がもっとも基本的で，これにマルチスケール性と力学バランスを考慮してモデルを組み立てていく。

3.2 場の記述

(a) 時空動態再現の要点

偏微分方程式を用いた数理モデリングでは，勾配作用素

$$\nabla = \begin{pmatrix} \partial/\partial x_1 \\ \partial/\partial x_2 \\ \partial/\partial x_3 \end{pmatrix}, \quad x = (x_1, x_2, x_3) \tag{Ⅲ.12}$$

によって密度分布からその**勾配**を導出し，細胞からみた細胞分子や組織からみた細胞分布などの物質量を環境パラメータとして，保存則の方程式でそのバランスを表す。勾配作用素の表記 (Ⅲ.12) は空間 3 次元の場合で，$x = (x_1, x_2, x_3) \in \mathbf{R}^3$ が位置座標，$\partial/\partial x_i$ は x_i, $i = 1, 2, 3$ 方向への偏微分を表す。

第 I 章で述べた**保存則**の方程式 (I.1)，すなわち

$$\rho_t = -\nabla \cdot j \tag{Ⅲ.13}$$

は，質量 ρ の時間微分とその**流束** j の発散量の和が流れに沿った物質量の時間変化を表すことに由来する。$\rho = \rho(x, t)$ は時間 t，空間 x によって定まるスカラー (スカラー場) で

$$\rho_t = \frac{\partial \rho}{\partial t}$$

である。一方，

$$j = \begin{pmatrix} j_1(x,t) \\ j_2(x,t) \\ j_3(x,t) \end{pmatrix}, \quad x = (x_1, x_2, x_3)$$

は (x, t) に依存するベクトル (ベクトル場)，“ $\cdot$ ” は $\mathbf{R}^3$ の内積であり，

$$\nabla \cdot j = \frac{\partial j_1}{\partial x_1} + \frac{\partial j_2}{\partial x_2} + \frac{\partial j_3}{\partial x_3}$$

は j の**発散**とよばれる。

保存則の方程式 (Ⅲ.13) がガウスの発散公式から導出される一方，**リュービルの公式**から，流束 j は質量 ρ と速度 v の積になり，このことがハイブリッドシミュレーションのスキームを決める基盤となる。

拡散や走化性など，流束 j は現象論的に設定することもできるが，平均場近似を用いると，より精密な議論ができる。平均場理論において，平均移動距離と跳躍時間のあいだにアインシュタインの法則を適用すると拡散項が得られ，どの移動を制御する要因をどの地点におくかによって，走化性や交叉拡散などの移流項が出現する。

粒子動態を平均化することによって偏微分方程式が得られるが，逆に偏微分方程式が与えられたとき，背景となる粒子動態を抽出することによってモデルに忠実な数値解法スキームが得られる。そこでは，保存則や散逸則などの熱力学の法則が離散化されたスキームのなかで実現されるので，数値シミュレーションによって粒子の遷移確率を計算し，この確率によって揺らぎを入れた，より現実に近づいたシミュレーションを実行することができるようになる。これが**ハイブリッドシミュレーション**で，そこでは流束が質量と移動速度の積になるという式から粒子の移動速度を定めている。

ハイブリッドシミュレーションでは，移流と拡散のスキームを分けることも効果的である。細胞密度の流束については，組織のもつ粘弾性や電気的治療効果を入れた非ニュートン的なものも提案されている。

流れに次いで重要な要因が**マルチスケール性**である。生体では階層間の相互作用が緊密に行われるため，数理腫瘍学では関数応答・時間分布・空間分布を階層的に組み合わせて目標とする事象を記述する。細胞を点とみなし，細胞や分子の分布を組織レベルで記述する場合，関数関係 (信号発生・知覚感受性)，常微分方程式 (化学反応)，偏微分方程式 (物質移動) を併用して用い，それぞれの段階で流れや結合解離則から結論づけられる規則を盛り込んでいく。環境パラメータとして空間分布の時間変化を記述する場合には，生体階層のどこに基準をおくかを明確にしたうえで，モデルを構築する必要がある。

(b) 勾　配

血管新生の勾配モデルでは，先端細胞が VEGF 勾配に従って遊走する。これは，昆虫が樹液を構成する化学物質の濃度を認識して樹液にたどりつくのと同じ原理である。VEGF の $x = (x_1, x_2, x_3) \in \mathbf{R}^3$ における濃度を $f = f(x)$ とすれば，$f(x) =$ 定数 となる x の集合は，一般に等高面とよばれる曲面となる。先端細胞は単位ベクトル $e = (e_1, e_2, e_3)$ の方向に $0 < s \ll 1$ だけ微小に移動したときの f の変化率

$$\left.\frac{d}{ds} f(x+se)\right|_{s=0} \tag{Ⅲ.14}$$

を認識し，この値がもっとも大きくなるように単位ベクトル e を選んで進む。この性質が**走化性**である。(図 Ⅲ.8)

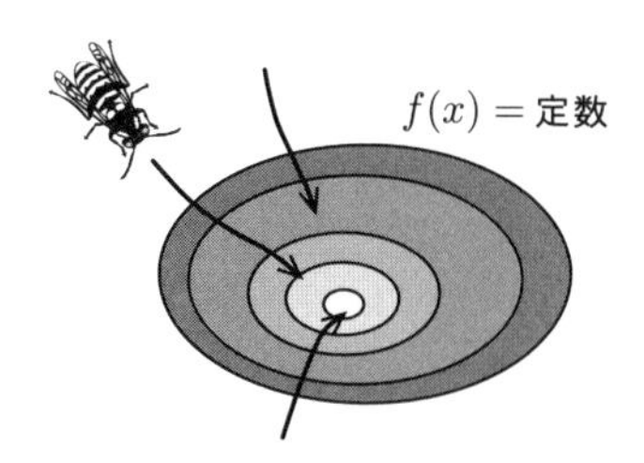

図 Ⅲ.8　勾　配

ここで

$$f(x+se) = f(x_1 + se_1, x_2 + se_2, x_3 + se_3)$$

に注意して，合成関数の微分の公式を適用すると

$$\left.\frac{d}{ds} f(x+se)\right|_{s=0} = f_{x_1}(x)e_1 + f_{x_2}(x)e_2 + f_{x_3}(x)e_3 \tag{Ⅲ.15}$$

が得られる[14)]。勾配作用素 (Ⅲ.12) とベクトルの内積 · を用いれば，(Ⅲ.15) の右辺は $\nabla f(x) \cdot e$ に等しい。すなわち

$$\left.\frac{d}{ds} f(x+se)\right|_{s=0} = \nabla f(x) \cdot e$$

であり，(Ⅲ.14) が最大となる単位ベクトルは

$$e = \frac{\nabla f(x)}{|\nabla f(x)|}$$

14)　興味のある読者は実際に計算してみることをお勧めする。

で与えられる。

このときの濃度の変化率は $|\cdot|$ をベクトルの長さとして $\nabla f(x)\cdot e = |\nabla f(x)|$ である。この方向 e と大きさ $|\nabla f(x)|$ をもつベクトルは

$$|\nabla f(x)|e = \nabla f(x)$$

にほかならない。すなわち $\nabla f(x)$ は，走化性として地点 x において先端細胞にはたらく力を表しているのである。

(c) 臨界点

(Ⅲ.15) は

$$f(x+se) = f(x) + s\nabla f(x)\cdot e + o(s)$$

と表され，関係

$$\left.\frac{d^2}{ds^2}f(x+se)\right|_{s=0} = A(x)e\cdot e$$

を用いると，さらに

$$f(x+se) = f(x) + s\nabla f(x)\cdot e + \frac{s^2}{2}A(x)e\cdot e + o(s^2)$$

に精密化される。ただし

$$A(x) = \left(\frac{\partial^2 f}{\partial x_i \partial x_j}(x)\right)_{1\le i,j\le 3}$$

は 3 変数関数 $f = f(x)$ に対するヘッセ行列である。

ここで

$$\nabla f(x_0) = 0 \tag{Ⅲ.16}$$

となる $x_0 \in \mathbf{R}^3$ を f の**臨界点**，その点で**ヘッセ行列** $A(x_0)$ が正則であるものを**非退化臨界点**，$A(x_0)$ の正の固有値の数を**モース指数**とよぶ。この場合には空間 3 次元であるから，$f = f(x)$, $x = (x_1, x_2, x_3)$ は 3 変数関数であり，モース指数は 0, 1, 2, 3 の値をとる。

これらの用語の力学系理論との整合性をみるために，3 連立常微分方程式系

$$\dot{x} = -\nabla f(x) \tag{Ⅲ.17}$$

を考える。ただし

$$\dot{x} = \frac{dx}{dt}$$

である。(Ⅲ.17) を $f(x)$ の**勾配系**といい，この軌道の上で常に

$$\frac{d}{dt}f(x) = \nabla f(x)\cdot\dot{x} = -|\dot{x}|^2 \le 0 \tag{Ⅲ.18}$$

が成り立つ。

(Ⅲ.16) で定められる $f(x)$ の臨界点 x_0 は，勾配系 (Ⅲ.17) の平衡点となる。$f = f(x)$ を $x = x_0$ でテイラー展開すれば

$$f(x) = f(x_0) + \nabla f(x_0)\cdot(x - x_0) + \frac{1}{2}A(x_0)(x - x_0)\cdot(x - x_0) + o(|x - x_0|^2)$$

であり，$A(x_0)$ が退化しなければ臨界点 $x = x_0$ の近傍で (Ⅲ.17) は

$$\dot{X} = BX, \qquad X = x - x_0,\ B = -A(x_0)$$

で近似され，これが (Ⅲ.17) の平衡点 x_0 での線形化方程式となる。

B は実対称行列なので直交行列で対角化され，固有値はすべて実数である。B の負の固有値は $A(x_0)$ の正の固有値で，これらの行列が 0 固有値をもたないことが x_0 が非退化であるための条件となる。

3.3　物質の輸送

(a) 流　　れ

腫瘍の成長は，組織レベルでみれば細胞を粒子とする流れである。しかし物理的な流体とは異なり，この流れには細胞の増殖や死滅という要因が介在し，流れに加えてこれらの要因を正しく見積もることが，腫瘍成長予測モデルを構築するための鍵となる。本小節と次の 5 つの小節 (b)〜(f) において，細胞の流れとその生成消滅によるマクロな量的変化を，数式を用いて記述する方法を解説する。

一般に，時間的に変改しない流れをもつ流体を**定常流体**という。定常流体の速度 $v = v(x) \in \mathbf{R}^3$ は場所 $x \in \mathbf{R}^3$ に依存するベクトル (ベクトル場) である。この流体の中で移動する粒子を考えて，時刻 t での位置を $x = x(t)$ とすれば，粒子の速度はその場所の流体の速度と一致するので

$$\frac{dx}{dt} = v(x) \tag{Ⅲ.19}$$

が成立する。

(Ⅲ.19) を x についての連立常微分方程式系とみたとき，与えられた初期値

$x_0 \in \mathbf{R}^3$ に対して解が一意存在するとして，その時刻 t での値を

$$x(t) = T_t(x_0)$$

とおく。t を止めるごとに

$$T_t : \mathbf{R}^3 \to \mathbf{R}^3$$

は写像であるが，これらを集めたもの $\{T_t\}$ を $v(x)$ の定める**力学系**，または**流れ**という。

定義から

$$\frac{d}{dt}T_t x = v(T_t x), \qquad T_t x|_{t=0} = x \tag{Ⅲ.20}$$

であり，初期値問題の解の一意性から

$$T_t \circ T_s = T_{t+s}, \qquad T_0 = I \tag{Ⅲ.21}$$

が成り立つ。ただし $\circ$ は写像の合成，I は恒等写像である。

(Ⅲ.21) を**群の性質**という。この群の性質から，特に

$$T_{-t} \circ T_t = T_t \circ T_{-t} = I$$

であり，このことは $T_t : \mathbf{R}^3 \to \mathbf{R}^3$ の逆写像が存在して $T_t^{-1} = T_{-t}$ であることを示している。

(b) 物 質 微 分

定常ベクトル場 $v = v(x)$ が生成する力学系 $\{T_t\}$ を (Ⅲ.20) で定め，与えられたスカラー場 f に対して

$$u(x,t) = f(T_{-t}x)$$

とおく。$w(y,t) \equiv u(T_t y, t) = f(y)$ は t によらないので

$$\begin{aligned} 0 &= \frac{\partial w}{\partial t} \\ &= \nabla u(T_t y, t) \cdot \frac{\partial}{\partial t}(T_t y) + \frac{\partial u}{\partial t}(T_t y, t) \\ &= \frac{\partial u}{\partial t}(T_t y, t) + \sum_{j=1}^{3} v_j(T_t y) \frac{\partial u}{\partial x_j}(T_t y, t) \end{aligned}$$

が成り立つ。

与えられた x に対して $y = T_{-t}x$ をこの式に代入すると

$$\frac{\partial u}{\partial t} + \sum_{j=1}^{3} v_j(x) \frac{\partial u}{\partial x_j} = 0, \quad u|_{t=0} = f(x) \tag{Ⅲ.22}$$

が得られる。これより (Ⅲ.22) の解は

$$u(x,t) = f(T_{-t}x) \tag{Ⅲ.23}$$

で与えられ，偏微分方程式 (Ⅲ.22) は常微分方程式 (Ⅲ.19) を逆向きに解くことに帰着されることがわかる。(Ⅲ.22) は情報が速度 v で伝播することを示しているので，時間を逆転して初期時刻に存在した地点に立ち戻れば，解の値を定めることができる。(Ⅲ.22) に対するこの解法を**特性曲線**の方法という。

(Ⅲ.22) の第 1 式左辺を

$$\frac{Du}{Dt} \tag{Ⅲ.24}$$

と書き，

$$\frac{D}{Dt} = \frac{\partial}{\partial t} + v \cdot \nabla$$

をベクトル場 v に従う**物質微分**という。

(Ⅲ.23) は t 秒前に x に存在した粒子を f で観測した量を表し，(Ⅲ.24) は観測者が流れ v に沿って動くときに検出する u の時間変化率を表している。

(c) リュービルの公式

速度場 $v(x)$ のもとで，$t=0$ で領域 $\omega \subset \mathbf{R}^3$ にいた粒子は，時刻 t では全体として

$$T_t(\omega) = \{T_t(x) \mid x \in \omega\}$$

に移動する。したがって，時刻 $t=0$ での流体の体積 $|T_t(\omega)|$ の変化率は

$$\frac{d}{dt}|T_t(\omega)|_{t=0} = \lim_{t \to 0} \frac{1}{t} \{|T_t(\omega)| - |\omega|\}$$

であり，これは単位時間当たりで ω に湧き出した流体の流量 $Q(\omega)$ に等しい。

重積分の変換公式から，$|T_t(\omega)|$ は変換

$$\xi = T_t(x)$$

とそのヤコビ行列の行列式 (ヤコビアン) $J_t(x)$ を用いて

$$|T_t(\omega)| = \int_{T_t(\omega)} d\xi = \int_{\omega} |J_t(x)|\, dx$$

である。

一方，ξ は t の関数として

$$\frac{d\xi}{dt} = v(\xi), \qquad \xi(0) = x$$

を満たす。成分で書くと

$$\frac{d\xi_i}{dt} = v_i(\xi), \quad \xi_i(0) = x_i, \qquad i = 1, 2, 3$$

であり，両辺を x_j で微分して $y_{ij} = \dfrac{\partial \xi_i}{\partial x_j}$ とおけば

$$\frac{dy_{ij}}{dt} = \sum_{k=1}^{3} \frac{\partial v_i}{\partial \xi_k}(\xi) y_{kj}, \qquad y_{ij}(0) = \delta_{ij} \tag{Ⅲ.25}$$

が得られる。ここで δ_{ij} はクロネッカーのデルタである。

(Ⅲ.25) から

$$\left.\frac{dy_{ij}}{dt}\right|_{t=0} = \frac{\partial v_i}{\partial x_j}(x)$$

であるから，

$$\frac{\partial \xi_i}{\partial x_j} = \delta_{ij} + t\frac{\partial v_i}{\partial x_j}(\boldsymbol{x}) + o(t),$$

したがって

$$\begin{aligned}
J_t(\boldsymbol{x}) &= \begin{vmatrix} \dfrac{\partial \xi_1}{\partial x_1} & \dfrac{\partial \xi_1}{\partial x_2} & \dfrac{\partial \xi_1}{\partial x_3} \\ \dfrac{\partial \xi_2}{\partial x_1} & \dfrac{\partial \xi_2}{\partial x_2} & \dfrac{\partial \xi_2}{\partial x_3} \\ \dfrac{\partial \xi_3}{\partial x_1} & \dfrac{\partial \xi_3}{\partial x_2} & \dfrac{\partial \xi_3}{\partial x_3} \end{vmatrix} \\
&= \begin{vmatrix} 1 + t\dfrac{\partial v_1}{\partial x_1} + o(t) & t\dfrac{\partial v_1}{\partial x_2} + o(t) & t\dfrac{\partial v_1}{\partial x_3} + o(t) \\ t\dfrac{\partial v_2}{\partial x_1} + o(t) & 1 + t\dfrac{\partial v_2}{\partial x_2} + o(t) & t\dfrac{\partial v_2}{\partial x_3} + o(t) \\ t\dfrac{\partial v_3}{\partial x_1} + o(t) & t\dfrac{\partial v_3}{\partial x_2} + o(t) & 1 + t\dfrac{\partial v_3}{\partial x_3} + o(t) \end{vmatrix} \\
&= 1 + t\left(\frac{\partial v_1}{\partial x_1} + \frac{\partial v_2}{\partial x_2} + \frac{\partial v_3}{\partial x_3}\right) + o(t) \\
&= 1 + t(\nabla \cdot v) + o(t)
\end{aligned} \tag{Ⅲ.26}$$

であり，速度

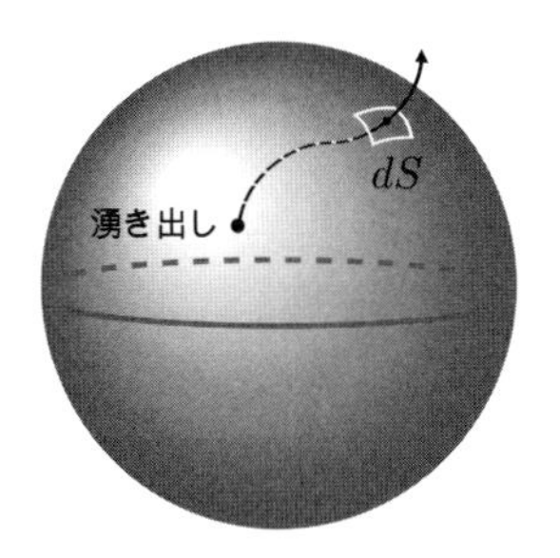

図 **Ⅲ.9**　湧き出し

$$v = \begin{pmatrix} v_1(x) \\ v_2(x) \\ v_3(x) \end{pmatrix}, \quad x = (x_1, x_2, x_3)$$

の発散量

$$\nabla \cdot v = \frac{\partial v_1}{\partial x_1} + \frac{\partial v_2}{\partial x_2} + \frac{\partial v_3}{\partial x_3}$$

が現れる。特に $|t| \ll 1$ において $J_t(x) > 0$ である。(Ⅲ.26) を**リュービルの公式**という。

リュービルの公式から，

$$Q(\omega) = \left. \frac{d}{dt} |T_t(\omega)| \right|_{t=0} = \left. \frac{d}{dt} \int_\omega |J_t(x)|\, dx \right|_{t=0} = \int_\omega \nabla \cdot v \; dx \qquad (\text{Ⅲ}.27)$$

が得られる。

(d) 発 散 公 式

(Ⅲ.27) によって，速度場 v のもとで単位時間当たりに領域 Ω 全体に湧き出す流体の総量は

$$Q(\Omega) = \int_\Omega \nabla \cdot v \; dx$$

であり，この量が境界 $\partial\Omega$ から外に出る流量と等しいことから，**ガウスの発散公式**

$$\int_\Omega \nabla \cdot v \; dx = \int_{\partial\Omega} v \cdot \nu \; dS \qquad (\text{Ⅲ}.28)$$

が得られる。ただし $\nu = (\nu_1, \nu_2, \nu_3)$ は $\partial\Omega$ の外向き単位法ベクトル，dS はその面積要素である。

空間 1 次元の場合，(Ⅲ.28) に対応するのが “微積分学の基本定理” である。

高次元の (Ⅲ.28) は，領域分割と重積分によって空間 1 次元の場合に帰着させることができる。

v の発散 $\nabla \cdot v$ は演算子 ∇ とベクトル場 v の内積の形をしている。両者の外積 $\nabla \times v$ は v の**回転**という。$\nabla \times v$ はそれ自身ベクトル場であり，v が流体の速度場であるときは**渦度**といい，その剛体的な運動部分を表す。

一般のベクトルは発散が 0 のベクトル場 (ソレノイダル) と回転が 0 (渦なし) のベクトルの和で表すことができ，考えている領域に穴がなければソレノイダルベクトル場は別のベクトル場の回転，渦なしベクトル場は別のスカラー場の勾配となる。このことを，**ヘルムホルツ分解**という。

(e) 保存則の方程式

時間に依存する速度場 $v = v(x,t)$ のもとで運動する粒子の位置 $x = x(t)$ は，微分方程式

$$\frac{dx}{dt} = v(x,t)$$

に従う。粒子の移動作用素を

$$T_t : x(0) \in \mathbf{R}^3 \quad \mapsto \quad x(t) \in \mathbf{R}^3$$

で定めると，$t = 0$ で領域 ω に存在した粒子全体は時刻 t で領域 $\omega_t = T_t \omega$ に移動する。また，変数変換 $x \mapsto \xi = x(t)$ のヤコビアンを $J_t(x)$，位置 x，時刻 t での粒子密度を $\rho = \rho(x,t)$ とすると，ω_t 内にいる粒子の総質量は

$$\int_{\omega_t} \rho(x,t)\, dx = \int_\omega \rho(T_t x, t) |J_t(x)|\, dx$$

で表される。

v が時間に依存しない場合と同様に，この場合も**リュービルの公式**

$$J_t(x) = 1 + t(\nabla \cdot v) + o(t)$$

が成り立つ。上記粒子の総質量の変化率は

$$\begin{aligned} \frac{d}{dt} \int_{\omega_t} \rho(x,t)\, dx \bigg|_{t=0} &= \int_\omega \left[\frac{d}{dt} \rho(T_t x, t) + \rho(x,t) \nabla \cdot v(x,t) \right]_{t=0} dx \\ &= \int_\omega \frac{D\rho}{Dt} + \rho \nabla \cdot v \ dx \bigg|_{t=0} \\ &= \int_\omega \rho_t + \nabla \cdot v\rho \ dx \end{aligned} \tag{Ⅲ.29}$$

で与えられる。質量保存則が成り立つときはこの変化率は常に 0 であり，ω の任意性によって，**保存則の方程式**

$$\rho_t + \nabla \cdot \rho v = 0 \tag{Ⅲ.30}$$

が得られる。

(f) 流　　束

(Ⅲ.30) において

$$j = \rho v \tag{Ⅲ.31}$$

を**流束**という。ガウスの発散公式によって

$$\frac{d}{dt}\int_\omega \rho \, dx = \int_\omega \rho_t \, dx = -\int_\omega \nabla \cdot j \, dx = -\int_{\partial\omega} \nu \cdot j \, ds$$

であり，j は粒子の質量移動を表すベクトルである。(Ⅲ.31) は 流束＝質量×速度 であることを示している。

細胞の増殖などのように質量が変動する場合には，(Ⅲ.30) は X をその変動量として

$$\rho_t + \nabla \cdot \rho v = \rho X \tag{Ⅲ.32}$$

で置き換えられる。

3.4 ゴムペルツモデル

以上により，組織レベルから細胞を粒子とみたときの流れや，生成消滅を記述する数式を説明したので，**ゴムペルツモデル**について紹介する。

ゴムペルツモデルは，組織レベルで多種細胞相互作用を記述した双曲型・楕円型の連立偏微分方程式系で，がん成長予測に用いられる基礎方程式である。ここでは組織上を同一速度 v で移動する N 種の細胞があるとして，それらの数を**存在率**

$$0 \leq p_i = p_i(x,t) \leq 1, \quad 1 \leq i \leq N$$

で表している。

$1 \leq i \leq N$ に対して γ_i を i 種細胞の増殖率，a_{ij} を j 種細胞の i 種細胞への励起率，β_i を i 種細胞の減衰率とし，これらが酸素濃度などの環境パラメータ M に依存するものとする。また，細胞は種ごとに同一の質量密度をもつものとする。すると (Ⅲ.32) を無次元化して

$$\frac{\partial p_i}{\partial t} + \nabla \cdot (vp_i) = \left(\gamma_i(M) + \sum_j a_{ij}(M)p_j - \beta_i(M)\right)p_i \qquad (\text{Ⅲ}.33)$$

が得られる。

一方，等式

$$\sum_i p_i = 1$$

より

$$\nabla \cdot v = \sum_i \left(\gamma_i(M) + \sum_j a_{ij}(M)p_j - \beta_i(M)\right)p_i$$

である。速度場 v は渦なし

$$\nabla \times v = 0$$

であるとすると，ヘルムホルツ分解よりスカラー場 $-\pi$ が存在して

$$v = -\nabla\pi \qquad (\text{Ⅲ}.34)$$

となる。したがって

$$\nabla \cdot \nabla = \Delta = \frac{\partial^2}{\partial x_1^2} + \frac{\partial^2}{\partial x_2^2} + \frac{\partial^2}{\partial x_3^2}$$

をラプラシアンとして，

$$-\Delta\pi = \sum_i \left(\gamma_i(M) + \sum_j a_{ij}(M)p_j - \beta_i(M)\right)p_i \qquad (\text{Ⅲ}.35)$$

が成り立つ。

(Ⅲ.33), (Ⅲ.34), (Ⅲ.35) は閉じた系で，(Ⅲ.33) は双曲型，(Ⅲ.35) は楕円型である。したがって p_i, $1 \le i \le N$ に初期初期条件，π に境界条件を与えれば方程式系として適切な設定となる。

以下このモデルを用いて，腫瘍成長を予測する方法を述べる。

3.5 脈管化予測

酸素の流入によってがん細胞が急速に増殖する状況を，組織レベルからみて予測するために $N = 2$ とし，$p = p_1$ をがん細胞の存在率，$S = p_2$ を腫瘍細胞外の存在率，M を酸素濃度とする。$\alpha > 0$ を臨床データから定める定数として，(Ⅲ.33) から導出される

$$p_t + \nabla \cdot vp = Mp,$$

$$
\begin{aligned}
&S_t + \nabla \cdot vS = 0, \\
&M_t = -\alpha M
\end{aligned} \tag{Ⅲ.36}
$$

を考える。

初期状態において $M_0 = M|_{t=0}$ が空間的に均質であれば

$$
M = M_0 e^{-\alpha t} \tag{Ⅲ.37}
$$

である。Ω_t を時刻 t での腫瘍の存在域とすれば，腫瘍が全体として組織に占める割合は

$$
V = \int_{\Omega_t} p \, dx \tag{Ⅲ.38}
$$

を組織の体積で割ったものである。その時間変化は (Ⅲ.29) によって

$$
\begin{aligned}
\frac{dV}{dt} &= \int_{\Omega_t} p_t + \nabla \cdot vp \, dx = \int_{\Omega_t} Mp \, dx = M(t)V \\
&= M_0 e^{-\alpha t} V
\end{aligned}
$$

であり，$V(t)$ は変数分離法によって求めることができる。

この関係を

$$
V(t) = V(t, M_0, V_0)
$$

と書き，$t = 0$ での未知量 (M_0, V_0) を，$t = t_1, t_2$ $(t_1 < t_2)$ における V の検査測定値 $z_k = V(t_k)$, $k = 0, 1$ で定める。これは z_1, z_2 を既知量として，方程式

$$
z_1 = V(t_1, M_0, V_0), \qquad z_2 = V(t_2, M_0, V_0) \tag{Ⅲ.39}
$$

を (M_0, V_0) によって解く。

時間変数の設定のために，知りたい過去の時刻を 0 とする。例えば，自覚症状が出始めたのが 12 月であり，1 月，3 月に来院して測定値をとったとすれば，$t_1 = 30$ 日目，$t_2 = 90$ 日目 とすればよい。

方程式 (Ⅲ.39) から，特に M_0 を決めれば (Ⅲ.37) によって $M(t)$ が定まる。そこで Ω を関与する組織を表す領域とし，$p = p(x,t)$, $v = v(x,t)$ を

$$
\begin{aligned}
&p_t + \nabla \cdot vp = M(t)p, \quad p|_{t=0} = p_0(x), \\
&-\Delta \pi = M(t)p, \quad \left.\frac{\partial \pi}{\partial \nu}\right|_{\partial\Omega} = 0, \\
&v = -\nabla \pi
\end{aligned} \tag{Ⅲ.40}
$$

によって求める。ただし ν は外向き単位法ベクトルである。

(Ⅲ.40) の第 1 式は，第 2，第 3 式より

$$p_t + v \cdot \nabla p = 0, \qquad p|_{t=0} = p_0(x) \tag{Ⅲ.41}$$

となり，この連立系は不動点方程式で定式化できる。例えば $p(x,t)$ を入力として第 2 式のポアソン方程式を解き，第 3 式で $v(x,t)$ を定め，特性曲線の方法で (Ⅲ.41) を解けば，再び $p(x,.t)$ が得られる。したがってこの問題は入力と出力が一致する p を求めることに帰着でき，そのとき得られる v を用いて Ω_t を定めれば，時刻 t での腫瘍領域が予測できるという構造になっている。

3.6 肺がん成長予測

ここでは $N=1$ とする。がん細胞を p，たばこのような悪性化因子を M として，ゴムペルツモデルを

$$p_t + \nabla \cdot vp = Mp, \quad M_t = -\alpha M, \quad p = 1 \tag{Ⅲ.42}$$

で与える。3.5 節と同様に，$M_0 = M|_{t=0}$ が空間に依存しない定数として (Ⅲ.37) を得る。

このとき，(Ⅲ.38) で定める $V = V(t)$ は，$p=1$ より

$$\mu = \int_{\Omega_t} M \ dx$$

を用いて

$$\frac{dV}{dt} = \int_{\Omega_t} p_t + \nabla \cdot vp \ dx = \int_{\Omega_t} \nabla \cdot v \ dx = \mu \tag{Ⅲ.43}$$

となる。ここで

$$\frac{d\mu}{dt} = \int_{\Omega_t} M_t + \nabla \cdot vM \ dx = -\alpha\mu + M\mu \tag{Ⅲ.44}$$

と (Ⅲ.37) によって，μ を積分して (Ⅲ.43) を用いれば，3.5 節と同様に

$$V(t) = V(t, \mu_0, M_0, V_0)$$

の形で陽に表示することができる。

今回は 3 回の測定値 $V(t_k)$, $k=1,2,3$ $(t_1 < t_2 < t_3)$ によって未知量 μ_0, M_0, V_0 を定め

$$\nabla \cdot v = M_0 e^{-\alpha t}, \quad v = -\nabla \pi, \quad \nu \cdot v|_{\partial\Omega} = 0 \tag{Ⅲ.45}$$

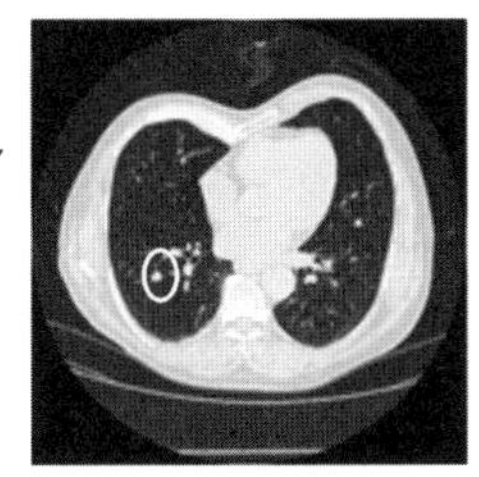
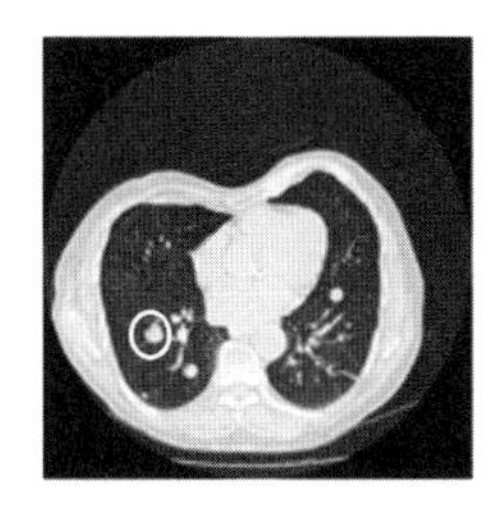
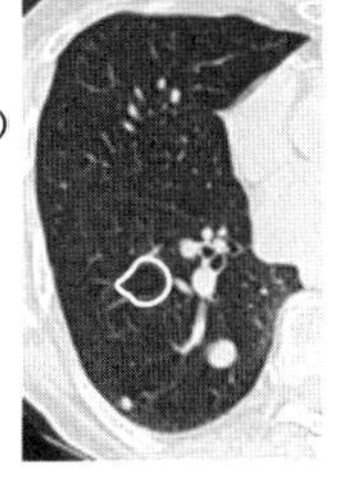
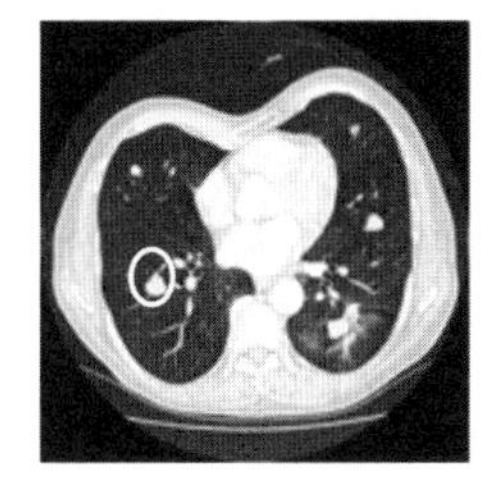

図 Ⅲ.10 肺がん成長予測 (Bordeaux 大学による)

で移動速度 v を定めれば，将来の Ω_t を予測をすることができる。

このモデルでは，(Ⅲ.45) 第 1 式 右辺は空間変数に依存しないので

$$-\Delta\pi_0 = 1, \qquad \left.\frac{\partial\pi_0}{\partial\nu}\right|_{\partial\Omega} = 0$$

によって $v_0 = -\nabla\pi_0$ を定めると

$$v = M_0 e^{-\alpha t} v_0$$

によって時刻 t での速度分布が得られる。このことから，限られた観測値から初期ステージで腫瘍が広がっていく様子を中長期で予測することが可能である。(図 Ⅲ.10)

4. ハイブリッドシミュレーション

4.1 血管新生

血管新生は既存の血管から新たな血管枝が分岐して血管網をつくっていく生理機能で，ストレス応答・がん・静脈奇形・加齢黄斑変性症など，さまざまな生理現象や病態の悪性化にかかわっている。VEGF によって誘導される先端細胞，先端細胞を追跡する茎細胞，毛細血管ネットワークを固め安定化させる壁細胞が，細胞内のシグナル伝達経路の活性化によって次々に移動し，血管網ネットワークが形成されることによる低酸素状態の解消などの環境変化とも相互作用する，複雑な現象である。

血管新生の制御については，臨床 (投薬)・基礎 (創薬) 双方において数理的な方法の適用が期待されると同時に，数学的にもモデリングとシミュレーションの改革が試みられ，数理腫瘍学の重要な研究領域になっている。これまで，遺伝子解析や蛍光技術を用いた分子レベルのメカニズムの詳細な分析結果をふまえ，複雑なデータから生命現象の本質を取り出して数式で記述し，新しい数値シミュレーション法と CG 技術によって，闊達な生命動態を映像化することが進められてきた[15)]。現在では，生体を舞台とした事象の相互関係や長期にわたる自己組織化の機序の全貌を説明することが試みられている。

4.2 細胞運動の記述

アンダーソン・チャプランモデルは細胞運動を組織レベルで記述して，血管新生に対する数理的方法の基盤を与えたものである[16)]。ここでは，細胞が遊走する駆動力を走化性と走触性に分ける。走化性は物質勾配に従って細胞が遊走する現象であるので，血管新生モデルでは，先端 (内皮) 細胞 (n) が VEGF (c) の勾配に対して正の方向に向かうとする。一方，**走触性**は，n がフィブロネクチン (f) を分解して侵入する形で記述する。n, f, c は時空に分布する連続量で，これらの未知関数は時刻位置 $x=(x_1,x_2,x_3)\in\mathbf{R}^3$，時刻 t の関数で，その動態は拡散と移流によるマルチスケール連立系で記述する。

最初に，n について用いるのは保存則の方程式 (Ⅲ.30) である。流束 $j=\rho v$

15) https://www6.nhk.or.jp/special/detail/index.html?aid=20180401

16) Anderson, A.R.A., Chaplain, M.A.J., Bull. Math. Biol. 60 (1988) 857-899

は拡散・走触性・走化性の 3 つの要素で構成し，これらの要素は n, f, c の勾配に由来するものとする。走触性，走化性のそれぞれの特質は n 側の知覚関数の違いで表す。一方，f, c は拡散しないので移流方程式に従い，f については n の分化と吸収，c については n の吸収を記述する。先端細胞 n の動きを素早くとらえているため c 自身の減衰は速いが，n は c の勾配を知覚して活発な前進を継続する。

いずれの場合も先端細胞移動速度 v を導入して記述するのが合理的であり，以下ではその後の細胞生物学の知見もふまえ，n の拡散の由来も含めて修正したモデルを解説する[17)]。

4.3 アンダーソン・チャプランモデル

4.2 節で述べたように，このモデルの主変数は n であり，移流拡散方程式

$$n_t + \nabla \cdot v_m n = d_n \Delta n \tag{Ⅲ.46}$$

に従う。ここで ∇ は勾配作用素，$\Delta = \nabla \cdot \nabla$ はラプラシアンで，$v_m = v_m(x,t)$ は走化性と走触性によって駆動される n の移流速度である：

$$v_m = \nabla \chi(c) + d_f \nabla f\,. \tag{Ⅲ.47}$$

以後，パラメータは d_n, d_f のように右下に主変数を添え字を付ける。

先端細胞 n に対する走化性は，細胞膜上の受容体に c がリガンドとして結合する量の勾配を，細胞が認識することに由来する。したがって (Ⅲ.47) の右辺において，n が c から走化性を受け取る感度 $\chi(c)$ は

$$\chi(c) = -\frac{\alpha_c}{\beta_c + c} + \text{constant} \tag{Ⅲ.48}$$

となる。

実際，VEGF リガンド (E) とレセプター (S) が結合してシグナル (P) が発生するメカニズム

$$S + E \leftrightarrow ES \rightarrow E + P$$

が準平衡にあれば，反応最大速度 e_T と平衡定数 γ を用いてミカエリス・メンテンの式

17) Suzuki, T. *et al.*, Cancer Science 109 (2018) 15-23

$$[ES] = \frac{e_T[S]}{\gamma + [S]}$$

が成り立つ。走化性がこの量の勾配に比例して発生するものとすれば (Ⅲ.48) が得られる。

修正モデルにおいて，フィブロネクチン密度 f については，走触性が n による ECM 分解に由来するものであること，また，n が f を再構築するという知見を反映して記述する。先端細胞の全移動速度が

$$v = -\frac{d_n}{n}\nabla n + v_m \tag{Ⅲ.49}$$

であるので，移流方程式を用いると

$$f_t + \nabla \cdot vf = -\eta_f nf + \alpha_f n \tag{Ⅲ.50}$$

となる。また VEGF (c) については，先端細胞が移動しながら細胞内に取り込むので，(Ⅲ.32) を用いて

$$c_t + \nabla \cdot vc = -\delta_c nc \tag{Ⅲ.51}$$

とする。

(Ⅲ.46) は n についての放物型方程式なので，境界条件が必要となる。考えている領域を Ω，その境界を $\partial\Omega$，外向き単位法ベクトルを ν として，流束ゼロ条件

$$\left. d_n\frac{\partial n}{\partial \nu} - \nu \cdot v_m n \right|_{\partial\Omega} = 0 \tag{Ⅲ.52}$$

を与える。(Ⅲ.46)–(Ⅲ.51) は数学的に適切である。

4.4 拡散の数理

(a) 平均場近似

(Ⅲ.46) の右辺は $d_n = D > 0$ を拡散係数とする拡散を表している。その意味は，保存則の方程式 (Ⅲ.13) における流束 j が，n の勾配 ∇n と逆方向に比例する $-d_n\nabla n$ になるということである。公式 (Ⅲ.31) より，拡散に由来する粒子の速度 $v = v_d$ は

$$v_d = -d_n \nabla \log n$$

で与えられる。特に，拡散は粒子密度の低いところにおいて粒子の速い運動を

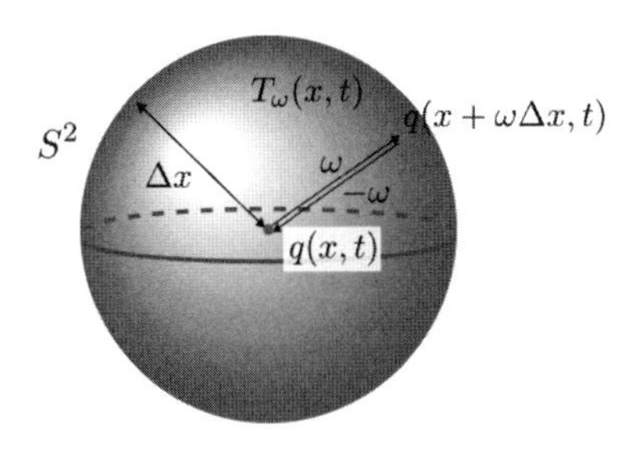

図 **Ⅲ.11**　マスター方程式

誘発する。

拡散項は，粒子のブラウン運動を平均化すると導出することができる。実際，3 次元空間の場合では $q(x,t)$ を位置 x，時刻 t での粒子密度とし，粒子は単位時間 Δt 当たり，Δx の幅で，$T_\omega(x,t)$ の割合で ω 方向 ($\omega \in \mathbf{R}^3$, $|\omega|=1$) に移動するとすれば

$$\begin{aligned}&\frac{q(x,t+\Delta t)-q(x,t)}{\Delta t}\\&=\int_{S^2} T_{-\omega}(x+\omega\Delta x,t)q(x+\omega\Delta x,t)-T_\omega(x,t)q(x,t)\,d\omega\end{aligned} \tag{Ⅲ.53}$$

が成り立つ。ただし $S^2=\{\omega\in\mathbf{R}^3 \mid |\omega|=1\}$ で，$d\omega$ は S^2 上の面積要素である。(Ⅲ.53) を**マスター方程式**という。(図 Ⅲ.11)

関係

$$\int_{S^2} T_\omega(x,t)\,d\omega=\tau^{-1} \tag{Ⅲ.54}$$

で定められる τ が**平均待ち時間**である。**ブラウン運動**では平均的に

$$D=\frac{(\Delta x)^2}{6\tau} \tag{Ⅲ.55}$$

が一定であるとし，D を拡散係数，(Ⅲ.55) を (空間 3 次元の) **アインシュタインの公式**とよぶ。

(b) 拡散方程式

遷移率 $T=T_\omega(x,t)$ が定数であるとして関係 (Ⅲ.54)–(Ⅲ.55) を用い，マスター方程式 (Ⅲ.53) において Δx，$\Delta t\downarrow 0$ とすれば，拡散方程式

$$q_t=D\Delta q$$

が得られる。以下，このことを空間 1 次元で示す。

一般にアインシュタインの公式において空間次元が n のときは

$$D = \frac{(\Delta x)^2}{2n\tau}$$

であり，1 次元のとき，(Ⅲ.55) は

$$D = \frac{(\Delta x)^2}{2\tau} \tag{Ⅲ.56}$$

に変更される。

マスター方程式を理解するために，1 つの粒子が

$$\mathcal{Z} = \{\cdots, -n-1, -n, -n+1, \cdots, -1, 0, +1, \cdots, n-1, n, n+1, \cdots\}$$

で表記される格子点上を移動している場合を考える。地点 n にあるこの粒子が単位時間 $\Delta t > 0$ 当たり，地点 $n \pm 1$ に移動する確率を $T_n^{\pm}$，また，$q_n(t)$ をこの粒子の地点 x，時刻 t での粒子の存在確率としてもマスター方程式

$$\frac{q_n(t+\Delta t) - q_n(t)}{\Delta t} = T_{n-1}^{+} q_{n-1} + T_{n+1}^{-} q_{n+1} - (T_n^{+} + T_n^{-}) q_n \tag{Ⅲ.57}$$

が得られる。

当面 $T_n^{\pm}$ は等方的で n のみに依存し，さらに平均場極限をもつものとする。また格子 $\mathcal{Z}$ は一様で，格子間の距離 Δx は一定であるものとする。このとき，関数 $T = T(x, t)$ が存在して

$$T_n^{\pm} = T(n\Delta x, t) = T_n \tag{Ⅲ.58}$$

とおくことができ，(Ⅲ.57) は

$$\frac{q_n(t+\Delta t) - q_n(t)}{\Delta t} = T_{n-1} q_{n-1} + T_{n+1} q_{n+1} - 2T_n q_n \tag{Ⅲ.59}$$

となる。また，$q_n = q_n(t)$ についても平均場近似

$$q_n(t) = q(n\Delta x, t)$$

を仮定する。

さらに $T_n = T$ が n にも依存しないものとすると，平均待ち時間の定義と (Ⅲ.56) より

$$T = \frac{1}{2\tau} = \frac{D}{(\Delta x)^2}$$

であり，(Ⅲ.59) より

$$\frac{q_n(t+\Delta t)-q_n(t)}{\Delta t}=\frac{D}{(\Delta x)^2}\left(q(x+\Delta x,t)+q(x-\Delta x,t)-2q(x,t)\right)$$

となる。右辺に対して 3 点公式

$$f(x+h)+f(x-h)-2f(x)=h^2f''(x)+o(h^2),\quad h\to 0$$

を適用し，極限移行 $\Delta x,\ \Delta t\downarrow 0$ を行えば，**拡散方程式**

$$q_t=Dq_{xx} \tag{Ⅲ.60}$$

が得られる。

注意 Ⅲ.1. 先端細胞や細胞性粘菌が移動するとき，遷移率 $T_n^{\pm}$ は別の制御物質に依存するので定数とはならない。上記の (Ⅲ.58) の場合には，(Ⅲ.60) は

$$q_t=D(\widetilde{T}q)_{xx},\qquad \widetilde{T}=2\tau T$$

に変更される。これを**局所モデル**という。

粒子の移動に関する遷移確率がどのような制御を受けるかについては，別の設定もある。

$$T_n^{\pm}=T_{n\pm1}=T((n\pm1)\Delta x,t)$$

のときは，粒子の移動はその時刻に粒子が向かう地点にある制御物質の状態で定められる。高等動物はこのような動向をするものと考えられる。この場合，マスター方程式 (Ⅲ.57) は

$$\begin{aligned}\frac{q_n(t+\Delta t)-q_n(t)}{\Delta t}&=T_nq_{n-1}+T_nq_{n+1}-(T_{n+1}+T_{n-1})q_n\\&=T_n(q_{n-1}+q_{n+1}-2q_n)-(T_{n+1}+T_{n-1}-2T_n)q_n\end{aligned}$$

の形になる。平均場近似を仮定し極限移行すると，**交差拡散方程式**

$$q_t=D(\widetilde{T}q_{xx}-\widetilde{T}_{xx}q)$$

が得られる。

一方，障害モデルでは

$$T_n^{\pm}=T_{n\pm1/2}=T((n\pm1/2)\Delta x,t) \tag{Ⅲ.61}$$

とする。ここでは粒子の移動は，その時刻に粒子が向かう地点と粒子が存在する地点との中間にある制御物質の状態で定められる。この場合，マスター方程式 (Ⅲ.57) は

$$\begin{aligned}\frac{q_n(t+\Delta t)-q_n(t)}{\Delta t}&=T_{n-1/2}q_{n-1}+T_{n+1/2}q_{n+1}-(T_{n+1/2}+T_{n-1/2})q_n\\&=T_{n+1/2}(q_{n+1}-q_n)-T_{n-1/2}(q_{n-1}-q_n)\end{aligned}$$

であり，平均場極限は

$$q_t=D(\widetilde{T}q_x)_x$$

となる[18]。

4.5 ハイブリッドシミュレーションの数学的基礎

(a) 数値解析学の方法

数理腫瘍学において，モデリングとともに数値シミュレーションは中核的な役割を果たしているが，数値シミュレーションのためには数理モデルを離散化する必要がある。

常微分方程式系と異なり，偏微分方程式系の数値計算では非線形性に由来する不安定化が発生しやすい。その制御のためには，離散化したときの解の正値性や保存則の実現など，基本的な要因を押さえておくことが必要である。数理モデリングは離散化とは裏表の関係にある。数理モデルの理解，とりわけ粒子運動の平均化の手順は，数値シミュレーションのスキームを構築するために有用である。

保存則の方程式はスカラー量の時間微分とベクトル量の発散のバランスである。空間微分の離散化を与えるために，スカラー量とベクトル量を定める格子をずらす方法も適用できる[19]。主格子と従格子を併用するこの方法は，平均場近似のとり方 (障害モデル) を裏返したものである。

時間微分を前進差分に置き換えると，後に述べるハイブリッドシミュレーションを実施するために有利である。その場合には非線形項を考慮して刻み幅を非均一にする。したがって時間差分の刻み幅の決め方は適合的なものとなり，シミュレーションの数値を用いた判定基準によって変動を定めることになる。

(b) 空間変数の離散化

ここでは差分法を適用する。簡単のため空間 1 次元の場合を取り上げ，$\Omega = (0,1)$, $h = \Delta x > 0$ とする。自然数 N $(N \gg 1)$ に対して $hN = 1$ とし，一様刻み

$$x_0 = 0 < x_1 < \cdots < x_N = 1, \quad x_i = ih, \quad 0 \leq i \leq N$$

を適用する。

---

18) Ichikawa, K. *et al.*, Discrete Cont. Dyn. Systems S 5-1 (2012) 115-126

19) Saito, T., Suzuki, T., Appl. Math. Comp. 171 (2005) 72-90

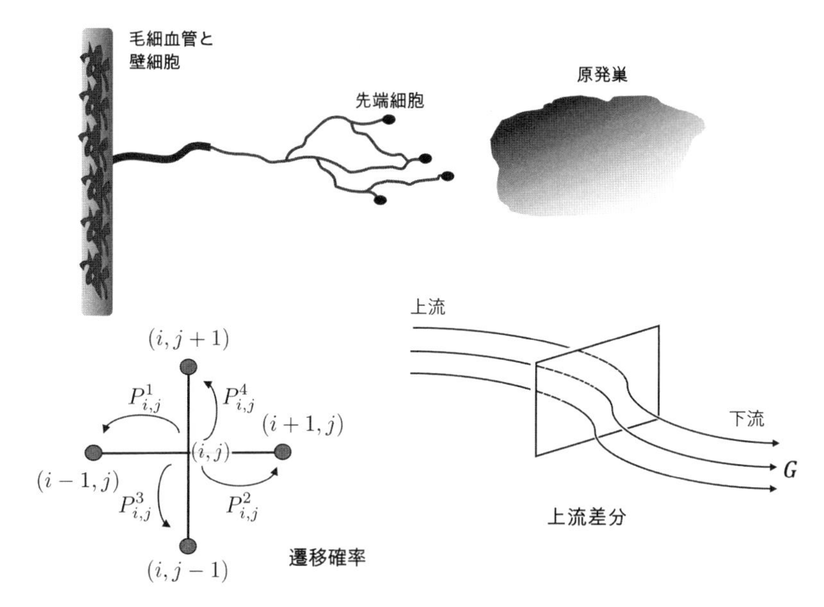

図 III.12 上流差分と遷移確率

関数 $f(x)$ に対して

$$D_h f(x) = \frac{f(x+h)-f(x)}{h}, \qquad \overline{D_h} f(x) = \frac{f(x)-f(x-h)}{h}$$

とおき，$x = ih,\ 1 \leq h \leq N-1$ における 1 階微分 $f'(x)$ を**平均差分**

$$\frac{1}{2}(D_h f(x) + \overline{D_h} f(x)) = \frac{f(x+h)-f(x-h)}{2h},$$

2 階微分 $f''(x)$ を**中心差分**

$$D_h \overline{D_h} f(x) = \overline{D_h} D_h f(x) = \frac{f(x+h)+f(x-h)-2f(x)}{h^2} \qquad (\text{III}.62)$$

で近似する。

1 階方程式

$$n_t = -(nG)_x$$

の空間離散化では**上流差分**を用いる。ここでは流れが上流からくることに着目し，$(nG)_x$ の $x = ih,\ 1 \leq i \leq N-1$ での値を

$$G_+(x)(\overline{D_h} n)(x) - G_-(x)(D_h n)(x), \quad G_\pm = \max\{\pm G, 0\} \quad (\text{III}.63)$$

で置き換える。(図 III.12)

主変数 n についての移流拡散方程式 (Ⅲ.46)

$$n_t = \Delta n - \nabla \cdot n v_m$$

に対しては，拡散項 Δn については中心差分 (Ⅲ.62)，移流項 $-\nabla \cdot n v_m$ については上流差分 (Ⅲ.63) で置き換える。ただし簡単のため係数を 1 とした。

境界条件 (Ⅲ.52)

$$\left.\frac{\partial n}{\partial \nu} - n \frac{\partial}{\partial \nu}(\chi(c) + f)\right|_{\partial \Omega} = 0$$

は x_0, $x = 1$ でそれぞれ D_h, $\overline{D_h}$ で置き換える。この方法は 2 次元以上でも適用可能である。

(c) 時間変数の離散化

時間変数の離散化は陽的**オイラー差分**を用いる。(Ⅲ.62) の記号でいうと，$\dfrac{\partial}{\partial t}$ を D_τ, $\tau = \Delta t$ で置き換える。境界条件 (Ⅲ.52) のもとで (Ⅲ.46) の解がもつ基本的な性質は非負性を保持し，全質量を保存することである：

$$n = n(x,t) \geq 0, \qquad \frac{d}{dt}\int_\Omega n(x,t)\, dx = 0.$$

離散化スキームにおいても，この性質が保たれれば安定的な近似解が得られる。そのために空間刻み幅を非一様にして $\{t_k\}$ とおく。したがって $t_{k+1} = t_k + \tau_k$, $t_0 = 0$ とおくと，位置 $x = ih$, $0 \leq i \leq N$，時刻 $t = t_k$ での $n(x,t)$ の近似を $n_i^k \approx n(ih, t_k)$ とし，上記離散化スキームによって $\{n_i^{k+1}\}$ を $\{n_i^k\}$ から計算する。この場合，対応する法則

$$n_i^k \geq 0, \quad \sum_{i=0}^{N} n_i^k = \sum_{i=0}^{N} n_i^0, \quad k = 1, 2, \cdots$$

は τ_k が小さいときに成り立つ。この τ_k をどの程度小さくとればよいかは**ヴァルヒャの条件**で判定する[20)]。したがって，$\widetilde{N} = N + 1$ に対し $\widetilde{N} \times \widetilde{N}$ 行列 $A = (a_{ij})_{1 \leq i,j \leq \widetilde{N}}$ が既約主対角で

$$a_{ij} \leq 0 \ \ (i \neq j), \qquad a_{ii} > 0 \ \ (1 \leq i \leq \widetilde{N})$$

であるときは，A は正則で $A^{-1} > 0$，すなわち，この行列 A^{-1} のすべての成分は正である。この性質から

$$n_i^k \geq 0 \ (0 \leq i \leq N) \quad \Longrightarrow \quad n_i^{k+1} \geq 0 \ (0 \leq i \leq N)$$

---

20) 山本 [8]

となり，離散化境界条件から

$$\sum_{i=0}^{N} n_i^{k+1} = \sum_{i=0}^{N} n_i^k$$

も成り立つので，全質量保存が得られる。

ヴァルヒャの条件を吟味する場合，A は $\{n_i^k\}$ と他の変数の離散化値 $\{c_i^k\}$, $\{f_i^k\}$ で定まる。したがってこのスキームでは，$t = t_k$ の計算値から次のステップの刻み幅 τ_{k+1} を定める。このように離散条件等を先験的に決めないで，計算しながら定めていくことを**適合型数値シミュレーション**という。

注意 Ⅲ.2. 行列 A が**既約**であるというのは，線形連立代数方程式

$$Ax = b$$

が部分系に分解しないことをいう。すなわち既約でないことを**可約**といい，可約とは置換行列 (各列，各行に 1 が 1 つずつあり，それ以外の成分は 0 となる行列) P と正方行列 A_1, A_2, A_3 が存在して

$$P^{-1}AP = \begin{pmatrix} A_1 & A_2 \\ 0 & A_3 \end{pmatrix}$$

となることである。

一方，$A = (a_{ij})$ が**主対角**であるとは

$$|a_{ii}| \geq \sum_{j \neq i} |a_{ij}|, \quad 1 \leq i \leq \widetilde{N} \tag{Ⅲ.64}$$

であることをいう。(Ⅲ.64) で常に不等号が成り立つときを**狭義主対角**といい，そのとき A は既約である。

(d) 遷移確率と移動速度

上述のスキームでは，離散化された n の正値性と全質量保存が任意の初期値に対して成り立つ。このことは，粒子の移動についての詳細釣り合いが成立していることを意味している。すなわち

$$P_0^{k,-1} = P_N^{k,+1} = 0$$

と書き，

$$n_i^{k+1} = P_i^{k,0} n_i^k + p_{i+1}^{k,-1} n_{i+1}^k + P_{i-1}^{k,+1} n_{i-1}^k, \quad 0 \leq i \leq N$$

として

$$\{P_i^{k,\ell} \mid 0 \leq i \leq N,\ k = 0, 1, \cdots,\ \ell = 0, \pm 1\}$$

を定めると，常に

$$P_i^{k,j} \geq 0$$

であり，

$$P_i^{k,0} + P_i^{k,+1} + P_i^{k,-1} = 0, \quad 0 \leq i \leq N,\ k = 0, 1, 2, \cdots$$

も成り立つ。

したがって $P_i^{k,\ell}$ は時刻 t_k で i 地点にいる n 粒子が $\ell = +1$, $\ell = 0$, $\ell = -1$ に従ってそれぞれ右，中央 (移動なし)，左の格子に移動する遷移確率を表しているとみなすことができる。そこでこの遷移確率を用い，モンテカルロシミュレーションを適用して先端細胞を動かす。(図 Ⅲ.12)

一方，先端細胞を茎細胞が追いかけて血管が伸びていくので，先端細胞の軌跡を記録して新生した血管と考える。さらに先端細胞が毛細血管から離れる規則，遊走する先端細胞が枝分かれする規則，(空間 2 次元の中で) 衝突した先端細胞が合一する規則を確率として与えて計算する。これが連続・離散ハイブリッドシミュレーションの骨子である。

(e) ブーリアン変数と細胞移動速度

シミュレーションを続けると，先端細胞が腫瘍細胞に到達し血管のネットワークが再現できる。このネットワークには血液が流れるので，ここに至った段階で酸素の供給を与え，腫瘍細胞との相互作用や流量と血管の太さの関係を導入すると，新たなシミュレーションを展開することができる。酸素の供給は離散的な**ポアソン方程式**で記述する。このことは多数のコンパートメントをつくって，その間を移動させることを意味する。血管網の生成と酸素の移動について先験的なスキームを与えないという意味で，これも適合型のシミュレーションである。

n を計算すると同時に，環境変数 f, c の時間発展も求めなければならない。この方程式では n がかかわるが，ハイブリッドシミュレーションでは，この過程は 1 細胞による分解や吸収を表現するものであると考えて，n の存在率を 1 か 0 に判定しなおして置き換える。これを**ブーリアン変数**という[21]。

もう一つの観点は環境変数についての移流方程式を解くために，n 粒子の移動速度を与えることである。実際，速さは 距離 ÷ 時間 であるので， n 粒子の

21) McDougall, S.R. *et al.*, Bull. Math. Biol. 74 (2012) 2272-2314

移動速度を遷移確率を用いて

$$v_i^k = \frac{h}{\tau_k}(P_i^{k,+1}e_{+1} + P_i^{k,-1}e_{-1}), \quad e_{\pm 1} = \pm 1 \qquad (\text{Ⅲ}.65)$$

で与えることができる。

初期のシミュレーション法では，モデルを時空間全体で解いて環境勾配や主要変数の流束を求めなければ次の時間ステップに進めない。しかしブーリアン変数と公式 (Ⅲ.65) を適用することにより，方程式系全体を連立させて数値計算する必要がなくなり，数理モデルから直接ハイブリッドシミュレーションに移行することができるようになる。この方法は理論的な裏づけがあるばかりでなく実用性も高い。

5. 層 別 化

5.1 悪性化シグナルのクロストーク

細胞膜上にある膜分子は，外部からのシグナルをリガンドとして受け取り，リン酸化・ユビキチン化を通して悪性化シグナルを下流に伝える一方，細胞膜上で相互作用して悪性度を高める。

EGF 受容体 (EGFR) も膜分子で，その細胞内シグナル伝達経路はよく調べられている。EGFR が膜上で 2 量体をつくり，そこにリガンドである EGF が結合すると，がん細胞は KRas・MAPK・ERK や STAT・P13K・Akt といった下流シグナル経路を使って増殖・生存シグナルを発信する。この経路を抑制するのが同じチロシンキナーゼに属する EphA2 である。

EphA2 は細胞膜に局在する受容体型チロシンキナーゼで，肝臓がんや膵臓がん等で過剰発現している。その 2 量体に，リガンドである Ephrin が結合するとチロシン残基である Tyr588 がリン酸化される。するとそこから KRAS や Akt を抑制するシグナルが発信される。

しかし第 II 章で述べた MT1-MMP が，細胞膜上で EphA2 から Ephrin の結合領域ドメインを切り離すと，Tyr588 が脱リン酸化する。抑制シグナルが解除されて KRAS や Akt が活性化されると，そのシグナルが EphA2 のセリン残基である Ser897 のリン酸化という形でフィードバックする。すると今度は Ser897 から新たに発信されるシグナルによって細胞変形が誘導され，浸潤・転

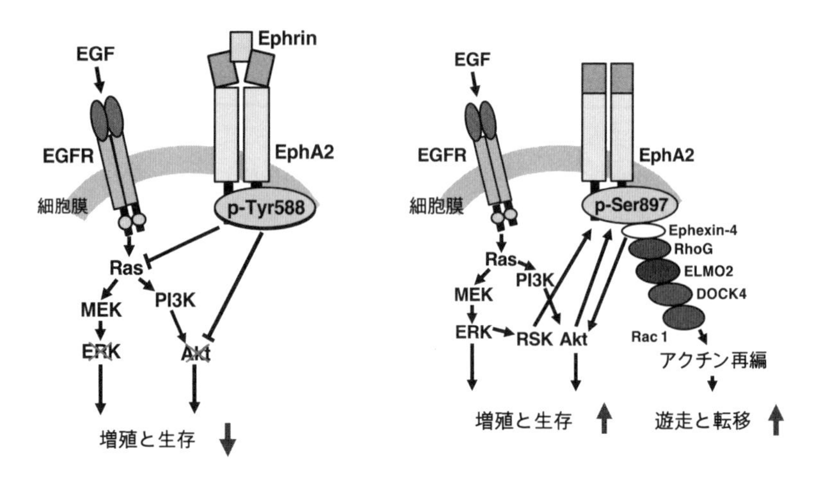

図 Ⅲ.13 悪性化経路のクロストーク

移の引き金となる[22)]。(図 Ⅲ.13)

5.2 臨床への応用

上記シナリオにはさまざまな臨床応用へのヒントが盛り込まれている。まず EGFR 経路とのクロストークで EphA2 経路が悪性化する機序において，MT1-MMP が Ephrin を切り離すことがきっかけであり，したがって切り離された Ephrin は，膵臓がん等の腫瘍マーカーとしての役割を果たすということがある[23)]。

治療の側面からは，複雑なクロストークの過程には個体や細胞株による差異があるのでないかということが考えられる。そのメカニズムを知って細胞をクラスタリングすることで，層別化された最適治療戦略が開拓ができる。したがって目的に適合したビッグデータを確保し，処理するツールを開発してクロストークの個体差を解明すれば，層別化医療が実現できる可能性がある。

22) Koshikawa, N. *et al.*, Cancer Res. 75-16 (2015) 3327-3329
23) Koshikawa, N. *et al.*, Cell Death Diseases 8-10 (2017) e3134

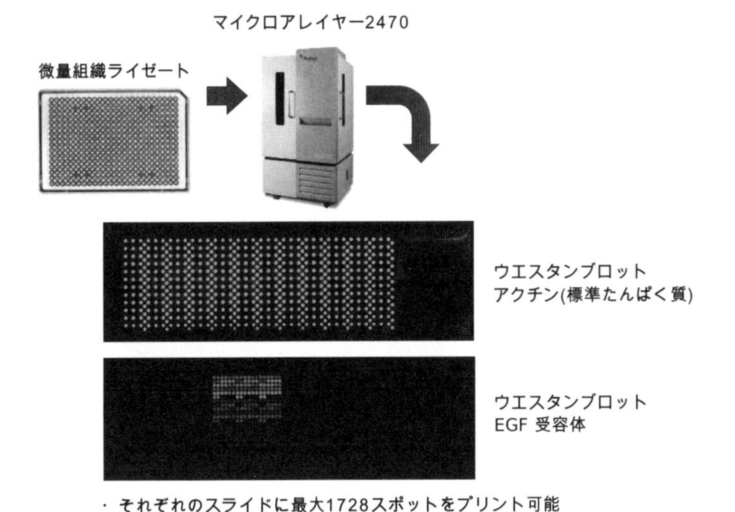

図 Ⅲ.14　RPPA(逆相たんぱく質アレイ)

5.3 RPPA データ

RPPA (逆相たんぱく質アレイ) は細胞内のシグナル伝達経路のクロストークやフィードバックに関する個体差を解明し，層別化するために適したデータを提供するものである。RPPA はスライドグラス上のニトロセルロース膜に，組織や細胞の抽出液を固相化したもので，抗体を用い，蛍光の相対的なレベルを比較することによってたんぱく質を検出・定量する。入力としては，多数のサンプル，抗体を同時操作できるスループットの良さ，出力としては活性化たんぱくを含む，多種類のたんぱく質の時系列発現やシグナル分子のリン酸化を高い精度で定量化できる特色がある。(図 Ⅲ.14)

分析の対象として用いたのは，18 種の培養肝臓がん細胞である。各細胞は，悪性度の指標 (マーカー) となる 2 種類の膜たんぱく (CD90, EpCAM) を発現している。

RPPA 解析から得られるデータは，EGFR, EphA2 とこれらの下流の ERK, Akt のリン酸化を 0 分，5 分，15 分，30 分，60 分の時系列で表示したものである。初期時刻は，当該細胞をそれぞれのリガンドである EGF, Ephrin で刺激した時刻である。両者の刺激の有無により，1 つの分子について 4 種類の時

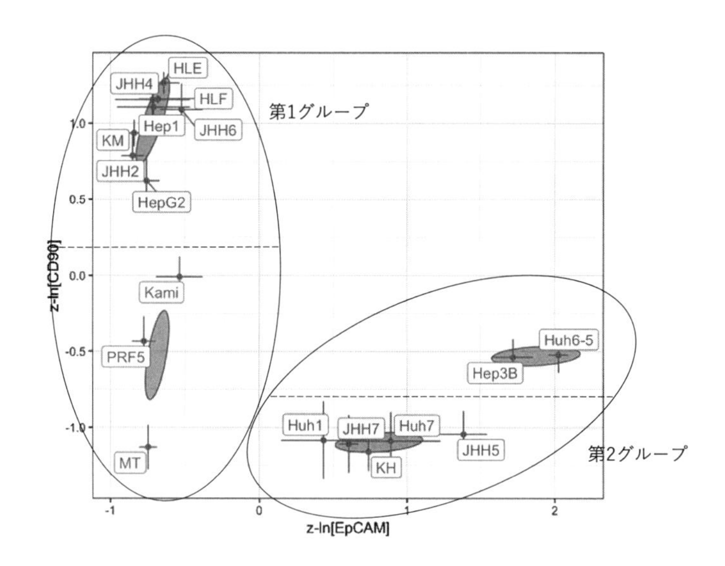

図 **Ⅲ.15** 細胞株のクラスタリング (HLE, JHH4 等はヒト肝がん細胞株である)

系列データを収集する。

5.4 悪性度の分類

最初に肝臓がん細胞の悪性度の分類を試みる。マーカーの発現に注目して混合正規分布を用いると，大きく 2 つのグループに分けることができる。

第 1 グループは CD90 陽性，EpCAM 陰性で，転移能が高く薬剤感受性にとぼしい一方で，増殖能は低い。第 2 グループは CD90 陰性，EpCAM 陽性で，高増殖能をもつ反面，転移能は低く，薬剤感受性をもつ。もう少し詳細にみると，各グループはさらに 2 つのクラスターに分かれ，医学的知見を考慮すると，細胞分化を反映しているものと思われる。すなわち，第 2 グループから第 1 グループへの分化が予想される。(図 Ⅲ.15)

これらの分類に対して，4 種類の細胞処理に応じたたんぱくの発現量を RPPA データで調べ，それぞれの特色を抽出する。はたして第 1 グループでは EGF と Ephrin の共刺激が相乗効果を発揮し，上流と下流の悪性化シグナルが 60 分間持続的に応答しているのに対し，第 2 グループでは EGF, Ephrin の共刺激効果は相加的であり，悪性化シグナルは 60 分で減衰して過渡応答していることがわかった。

5.5 数理モデルの役割と構築レシピ

層別化治療のマニュアルを確立するためには，上記の細胞群で何が起っているかを細胞内のシグナル伝達について明確にしておく必要がある。これは数理モデルを使わなければ解明が不可能な研究領域である。

最初に，細胞膜上の EphA2 と EGFR の相互作用について数理モデルを構築する。これはこれまで説明してきた結合解離の規則で記述でき，パラメータ同定のために必要なデータも十分にある。次に下流のシグナル伝達であるが，EGFR シグナルについてはシステム生物学の研究の蓄積があり，データベースとして公開されている[24)]ので必要部分を切り取り，適宜簡略化して上記の細胞膜分子モデルに接続する。とりわけ EGFR から ERK, Akt に分岐していくシグナル伝達経路についてはフィードフォワードループがあり，RPPA 時系列データに反映されていたので重要なパスとして取り込む。

一方，EphA2 経路については知られていないことが多い。当面 Tyr588 による KRAS, Akt の抑制や Akt から Ser897 へのフィードバックについては粗視化し，経路を EphA2 直下の裏打ち分子に集約したモデルを使って RPPA データと照合する。

5.6 数値シミュレーションからの示唆

上記で構築した数理モデルを用いて数値シミュレーションすると，第 1 グループで観察される Ephrin と EGF の共刺激の相乗効果が再現される。また，MT1-MMP が Ephrin と EphA2 を切り離すことによって細胞の悪性度が亢進する反応を，MT1-MMP を阻害することによって抑制する数値シミュレーションでは，その効果は MT1-MMP を完全に抑制しないと顕在化しないことがわかり，MT1-MMP 阻害に関するこれまでの知見と合致している。

EGFR 経路は肝臓がん，膵臓がん等の悪性化において基本的な経路であり，この経路とクロストークする EphA2 経路も重要な役割を果たしているものと

24) COPASI (前出), PySB, BioModels 等。さまざまなデータベースについては [6] を参照。

考えられる。したがって，第 1 グループ (転移型) と第 2 グループ (増殖型) が存在すること，また，第 2 グループから第 1 グループへの分化が発生することについては，上記の 2 経路のクロストークとフィードバックの強弱に由来する可能性がある。この視点に基づいて，層別化医療の確立をめざし，数値シミュレーション，データ解析，生物学実験を絡めた検証が進められている。

5.7 まとめ

本節では，多数のたんぱく質の発現量を同時に計測した RPPA データによって，細胞株の時系列データをとり，細胞内シグナル伝達経路のフィードバックとクロストークを数理モデリングとデータサイエンスを用いて解析する方法を説明し，数理的手法と医学的知見の協働して構築したモデルによって，数値シミュレーションが実験データとよく一致することを述べた。ここでは，悪性度によって細胞ごとの悪性化シグナルの強弱が分類されたことで，数理モデルを用いた**層別化医療**という，数理腫瘍学の新しい可能性が示唆されている。

関 連 図 書

[1] Uri Alon (倉田博之・宮野 悟訳)「システム生物学入門——生物回路の設計原理」共立出版 2008

[2] 江口至洋 「細胞のシステム生物学」共立出版 2008

[3] 太田雅人・鈴木 貴・小林孝行・土屋 卓「応用数理」培風館 2015

[4] 鈴木 貴 「数理医学入門」共立出版 2015

[5] 鈴木 貴・大塚浩史 「楕円型方程式と近平衡力学系」上 (循環するハミルトニアン), 下 (自己組織化のポテンシャル) 朝倉書店 2015

[6] 鈴木 貴・久保田浩行 (編)「はじめての数理モデルとシミュレーション」羊土社 2017

[7] 東京大学生命科学教科書編集委員会 「演習で学ぶ生命科学　第 2 版　物理・化学・数理から見る生命科学入門」羊土社 2017

[8] 山本哲朗「行列解析の基礎」サイエンス社 2010

索　引

あ　行

か　行

さ　行

た　行

は 行

ま 行

や 行

ら　行

著 者 略 歴

鈴木　貴（すずき　たかし）

1978年　東京大学大学院理学系研究科
　　　　修士課程修了
現　在　大阪大学数理・データ科学教育
　　　　研究センター特任教授
　　　　理学博士

2020年 9 月 24 日　　初 版 発 行

数理腫瘍学の方法
計算生物学入門

著　者　鈴木　貴
発行者　山本　格

発行所　株式会社　培　風　館
東京都千代田区九段南4-3-12・郵便番号102-8260
電 話(03)3262-5256(代表)・振 替00140-7-44725

平文社印刷・牧 製本

PRINTED IN JAPAN

ISBN 978-4-563-01164-2 C3041